제주 도시건축을 이야기하다

김태일 저

제주대학교출판부
JEJU NATIONAL UNIVERSITY PRESS

책을 출간하며

제주의 건축에 대하여 많은 관심과 논의가 있어 왔지만, 학술적 접근에 의해 정리되지 못한 채 보고서나 일반적인 자료집의 형태에 머문 것이 대부분이었다. 뿐만 아니라 제주 도시건축에 대한 논의에 있어서도 대부분 전통 민가건축에 국한된 것이었다.

이러한 여건 속에서 제주대학교 출판부에서 기획하고 있는 「제주학 시리즈」의 첫 출간물인 "제주건축의 맥" 그리고, "제주인의 삶과 주거공간", "12인 12색 제주도시건축이야기"의 제목으로 출판된 것은 의미 있는 작업이라고 할 수 있다.

현대에 들어서는 개발논리 아래 자의적 혹은 타의적으로 변화될 수밖에 없었던 제주도시의 생활공간과 건축적 양식, 그리고 제주의 시대적 흐름 속에서 변화되어 왔던 제주인의 삶의 모습을 「도시」, 「건축」이라는 키워드로 정리하고자 한 것이 네 번째 출간도서인 "제주 도시건축을 이야기하다"이다.

본서의 글들은 신문과 방송, 그리고 잡지 등을 통해 소개되었던 글들을 모아 새롭게 구성하여 정리한 것이다. 따라서 학술적인 내용을 담고 있기보다는 제주의 땅에 살아가는 우리들이 지키고 만들어 가야 하는 삶의 터전이자 문화적 지표인 도시건축에 대하여 「이야기」한 것이다.

여러 개의 키워드를 중심으로 나름대로 분류하고 정리는 하였으나 내용이 다소 중복적일 수도 있고 가벼운 내용도 다루고 있어서 걱정스러운 면도 없지는 않다. 그러나 아픔의 역사만큼이나 너무나 아름다운 제주의 풍경이 오랫동안 간직되었으면 하는 바람을 본서의 글을 통해 우리 모두가 함께 생각해본다는 측면에서 독자들이 넓게 이해해주리라 생각한다.

끝으로 이 책을 출간할 수 있도록 배려해주신 제주대학교 출판부, 그리고 보고사 김흥국 사장님, 꼼꼼히 편집과 교정 작업을 해주신 황효은님께 감사드린다.

2008년 7월

목차

제 2 장

도시풍경과 개발문제

제 3 장

제주의 건축과 가로풍경

제 4 장

제주의 하천과 해안풍경

제 5 장
제주 도시건축의 미학

제1장

제주의 전통풍경

제주만의 고유 풍경에는 무엇이 있을까? 그 해답은 고지도(古地圖)를 통해 제주지역이 가지는 고유의 경관 이미지를 파악할 수 있을 것이다. 1700년대에 제작된 제주삼현도(濟州三縣圖), 대동여지도 등에 나타난 제주의 모습을 보면, 관아명과 지명, 성(城)·봉수·연대 등의 방어시설뿐만 아니라, 한라산과 각종 오름, 목장, 포구, 하천 등이 표기되어 있다.

땅위에 나지막하게 자리 잡은 초가, 그리고 척박한 환경만큼이나 거칠게 쌓은 돌담, 지형을 따라 자연스럽게 구부러진 길들, 그리고 아름드리 나무숲들과 멀리 바라보이는 올망졸망한 오름과 여유로운 포구들. 이러한 요소들이 조화되고 녹아들어 제주의 전통풍경을 연출하는 것이다.

1. 제주의 주생활

주생활(住生活)은 영어로는 housing life로 표현되며 주거를 기반으로 한 정주 생활을 의미한다. 여기에 해당되는 항목들이 의식주(衣食住)이다. 즉 거주하면서(住) 먹고(食) 입는(衣) 인간생활의 모든 것이 주생활의 범위에 해당된다.

원시시대부터 인간은 먹을 것을 찾기 위하여 이동하며 수렵생활하면서 야생동물들로부터 피하기 위한 동굴 등의 일시적인 보호처(shelter)가 최초라고 할 수 있을 것이다. 그러나 정착하여 농사를 짓기 시작하면서 본격적이고 계획적인 주거가 발생되었으며, 기후와 지역, 사회적 특성에 따라 인조환경의 형태로써 다양한 주거가 발생하게 되었다.

이와 같은 점에서 볼 때, 아무리 단순한 건물이라도 그것은 물체나 구조체 이상의 것이며, 그것들은 하나의 제도이며, 기본적인 문화적 현상인 것이다.

즉, 그것들은 인간으로서의 결정과 선택, 그리고 사물을 행하는 특수한 방법을 구현하고 있는 인위적으로 설계된 것이고, 또한 모든 가능한 대안 중에서 선택된 것이다.

따라서, 인위적 환경은 하나의 특정한 대중문화(건조환경 양식=스타일)를 형성하게 되는 것으로 나타나게 되는 것이다. 마치 이것은 의복이나 음식과 같은 대중문화(생활양식=스타일)와도 같은 것이다.

어떠한 양식을 선택함에 있어서는 일정한 가치관, 표준, 기준 등이 요구되는데, 그것들은 도식에 의하여 구현된다. 결국 인조환경의 양식은 이와 같은 도식과 그것들이 가지는 질서(秩序, 공간적 질서가 반영됨으로써 부호화)되어진 문화형태(양식=스타일)라고 할 수 있는 것이다.

한편 제주도의 주생활 중 가장 큰 특징은 안거리와 밖거리로 구분되는 공간분활에 따른 생활경제의 구분이라고 할 수 있다. 즉 바람에 적극적으로 대항하기 위해 쌓은 돌담으로 인해 안(內)과 밖(外)이 폐쇄적이지만 돌담의 안(內), 즉 생활공간은 마당을 중심으로 안거리와 밖거리가 대립적인 배치관계를 형성하면서도 개방적인 공간속에서 독립적인 생활을 영위해 왔던 것이 특징이다. 안거리와 밖거리에는 각각의 우영(밭)이 있어서 야채 등의 재배를 통해 최소한의 먹거리를 확보하는 등 척박한 환경 속에서도 강인한 생활력을 보여 왔다.

자녀세대가 결혼하고 경제력을 갖게 되면 부모세대가 유지하여 왔던 가계(家計)를 이어받아 주도적으로 이끌어가게 되며 동시에 거처도 밖거리에서 안거리로 옮겨 한 가정의 가장으로 역할을 이끌어 갔던 것이 특징이다.

그러나 1960년대 이후 개발과정을 거치면서 제주의 전통건축이 사라져 가고 있고, 주생활 그 자체도 많은 변화가 있었다. 초가와 와가를 대신하여 철근콘크리트의 고층아파트가 자리매김하고 있고 울안의 가족공동체적인 성격이나 이웃 간의 교류관계가 옅어져 가면서 변화된 생활공간만큼이나 사람들의 의식변화와 가치관도 변해 가고 있다.

아직도 개발에 의해 훼손되지 않은 마을에는 여전히 제주의 풍경을 찾을 수 있다. 한라산을 배경으로 나지막하고 옹기종기 군집(群集)을 이룬 마을모습, 완만한 곡선과 높은 담장의 집들의 풍경, 대화의 장소이기도 하고 휴식의 공간이기도 하였던 마을 입구에 자리잡은 팽나무, 포제단 등등 탐라의 역사와 문화, 그리고 삶의 공간과 흔적이 곳곳에 남아있을 것이다. 그러나 앞으로 사진에서나 볼 수 있는 풍경이라면 제주의 멋과 독특함을 어떻게 찾을 것인가? 다시 한번 심각하게 고민해야할 시기이다.

이제 제주의 건축문화는 크게 변하려 하고 있고, 변할 수밖에 없을 것이다. 이제 21세기는 모든 분야에 있어서 독창성과 개성성이

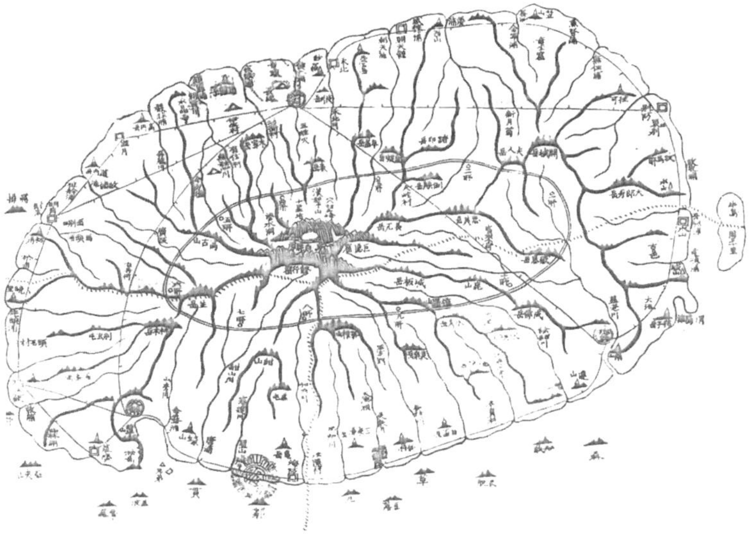

강조되는 문화의 시대이다. 가장 지방적인 건축이야 말로 가장 독창적이고 개성적인 문화이고 세계적인 문화인 것이다. 국제적인 관광지로서 인정받기 위해서라도 시대적 요구에 따라 제주지역의 고유문화 형성에 시각을 맞춘 건축문화를 조성하기 위한 새로운 패러다임 전환이 요구되고 있다.

2. 제주의 초가(草家)

주택은 지역의 문화와 기후, 가족제도 등 다양한 조건에 의해 형성되어 온 삶의 결정체라고 할 수 있다. 제주 초가 역시 제주의 주택을 대표하는 것으로 제주지역에서 생산되는 새(모:茅)를 이용하여 굵은 새줄로 얽어맨 완만한 경사를 가진 외형, 중후한 현무암 덧벽, 그리고 돌담 등이 조화롭게 구성되어 독특한 주거양식의 풍경을 만들어 내는 것이 특징이다.

주거양식을 결정짓게 하는 요소로서 기후와 은신처의 필요성, 재료와 공법 등의 물리적 요소와 기타 종교와 경제 등의 사회적 요소를 들 수 있으며, 특히 물리적 요소에 의한 형태결정이 더욱 컸다고 할 수 있다.

따라서, 주거양식은 부족이나 민족이 생존하면서 기후조건에 따라 자연에 순응 또는 대항하면서 정형화(定形化)되어온 역사적 산

물이라고 할 수 있다. 이러한 점에서 제주도의 초가는 바람과 싸우면서 살아온 제주인의 삶, 그 자체를 잘 표현하고 있는 주거양식이라고 할 수 있다.

초재가옥(草材家屋)은 자연적으로 자란 잔디, 새, 억새, 갈대, 왕골 등의 초근식물(草根植物)을 이용하여 축조된 가옥(家屋)을 말한다. 초재(草材)는 지면에서 수직으로 구멍을 파서 간단하게 목재로 기둥을 세워 그 위에 지붕을 덮는 수혈식(竪穴式) 주거단계에서 주로 지붕재료로 사용되었다.

일반적으로 농업활동의 부산물로 얻어진 재료를 지붕의 재료로 사용하였으나, 제주도의 초가는 한라산 기슭 초원지대에서 생산되는 자연적 초재(草材)인 새(모:茅)를 사용한 것이 특징이다.

자연 초재이기 때문에 2년마다 한 번씩 새롭게 이어야하며, 그 시기는 10월~12월 초까지이다. 지붕을 이을 때는 자(子), 오(午), 묘(卯), 유(酉)의 천화일(天火日)을 피하여 지붕을 잇게 되는데, 만일

천화일에 지붕을 손보게 되면 화재나 재앙이 집안에 생겨 멸망하게 된다고 믿었다.

이와 같이 초가지붕은 집안에 중요한 의미를 지는 것이지만, 새를 펴고 그 위를 새줄로 그물처럼 얽어맨 지붕은 제주의 거센 바람에 대항하며 살아온 삶의 역사, 인내심을 표현하는 상징물이기도 하다. 새줄은 동서(東西)에 따라 구별되는데, 동쪽지역은 3㎝내외인 반면, 서쪽지역은 4㎝내외로 지붕의 중후한 감을 준다.

제주도의 초가가 더욱 제주적으로 표현되는 배경에는 돌담이 있기 때문이다. 바람, 돌, 여자가 제주의 삼다(三多)로 표현되는 것처럼, 제주지역 어느 곳에서나 손쉽게 구할 수 있는 재료이다. 이 돌담은 고려 의종(毅宗 1148~1170) 때 제주에 부임한 김구(金坵)라는 판관이 밭의 경계가 애매모호하여 발생하는 문제를 해결하기

위하여 쌓기 시작한 것이 밭이나 집의 울타리로 쌓았다고 전해진다. 돌담은 바람의 속도를 완만하게 해주며 아울러 특유의 향토성을 반영하는 시각적 요소라고 할 수 있다. 제주도 민가(民家)의 돌담 높이는 165㎝ 내륙지방의 139㎝보다는 평균 26㎝ 높은 편이다. 또한, 기단의 높이에 있어서도 내륙지방에 비하여 평균 37㎝정도 낮아 실질적으로는 돌담의 높이가 더욱 높아지게 되어 주거공간은 외부에 대해서 폐쇄적이게 된다. 이는 풍해(風害)를 최소화하기 위한 것이다.

이러한 바람과 관련된 것 중에는 풍차(風遮)와 벽체를 들 수 있다.

풍차(風遮)는 상방(上房) 처마에 설치되는 것으로 각목으로 뼈대를 짠 뒤에 그 위에 새를 얹어 만들며 단순히 차양(遮陽)기능뿐만 아니라, 비바람이 칠 때 풍차를 내려서 막고 햇빛이 비칠 때는 올려서 상방(上房)에 뜨거운 햇살이 비치치 않게 하는 기능이 있다.

그리고, 벽체는 2중벽으로 되어 있는데, 나무와 흙으로 축조된 주벽체와 자연석 현무암으로 축조된 외부 벽체(덧벽)로 구성되어 있다.

주벽체의 골격은 가시나무, 참나

무, 괴목 등의 온대상록수를 사용하였고 골격과 골격 사이를 대나무 혹은 잔나무 가지를 새끼로 엮어서 흙을 발랐다.

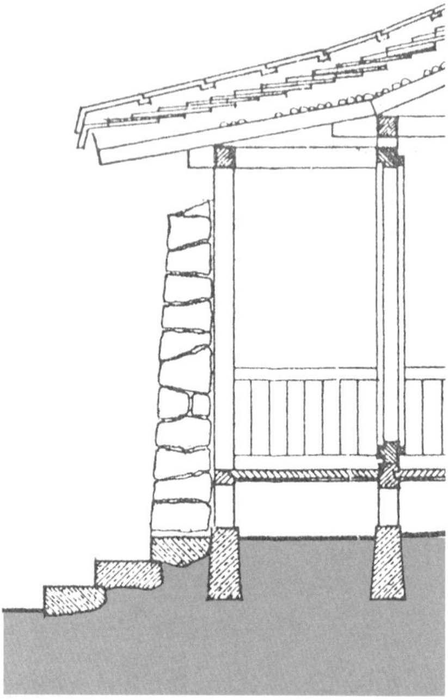

외부 벽체는 구조와는 관계없이 암회색 다공질 현무암을 막쌓기법으로 축조되며, 모서리 부분의 벽체는 가능한 한 각(角)이 생기지 않도록 둥글게 쌓는데, 이 또한 각(角)이 생기지 않는 만큼 바람의 영향을 감소시키기 위한 것이다. 현무암으로 마감된 외벽은 중후한 느낌과 아울러 지역성을 잘 표출하고 있다.

제주도의 초가의 특징 중의 하나는 건물배치이다. 기본적인 건물배치는 풍수지리에 의한 배산임수(背山臨水), 사국형성(四局形成)을 따르고 있는데, 내부공간의 구심점이 되는 마당을 중심으로 안거리(안채)와 밖거리(바깥채)를 마주보게 배치하고, 옆으로 모거리(안채와 바깥채에 대하여 모로 배치된 건물), 눌굽(낫가리를 놓는 장소)의 배치를 하고 있다. 이러한 건물배치와 돌담 등으로 인하여 외부공간 구성의 전개는 기승전결(起承轉結)의 리듬적인 전개, 즉 「올래 → 안마당 → 안뒤」의 공간전개를 이루고 있다.

그리고, 부모와 자녀와의 주거형태에 있어서는 안채=여성, 사랑채=남성의 성별 공간 분리되는 육지의 주거형태와는 달리 안거리=부모세대, 밖거리=자녀세대의 세대별 공간분리는 제주도의 독특한 주거양식 중의 하나라고 할 수 있다.

3. 제주의 와가(瓦家)

제주도 민속자료4호로 지정된 건축물로 제주의 초가에 비해 그다지 많지 않는 주택이라고 할 수 있다. 기본적으로 제주의 와가는 기와가 크고 둔탁하면서도 흰색 몰탈과 현무암의 덧벽과는 질감대비를 이룸으로써 제주와가의 독특한 이미지를 만들고 있다.

또한 처마를 길게 내어 주택의 내부공간과 마당으로 이어지는 외부공간사이에 일종의 완충적인 공간을 만들면서도 비바람으로부터 건물을 보호하는 기능도 엿볼 수 있다.

조선 연산군 때 기묘사화로 인하여 충암(沖庵) 김정(金淨, 1486~1521)이 제주도로 유배와 생활하면서 체험한 제주도의 풍토와 생활모습을 사실적으로 기록한 풍토록(風土錄)에 「…瓦屋絕少 如兩縣官舍 亦茅蓋也…」라는 기록이 있다. 즉, 와가형태의 가옥은 극히 적고 兩縣의 관사와 같이 또한 새(茅)를 덮었다고 되어 있는 것으로 보아 제주도의 초가(草家)와는 달리 희소한 전통주택형식이라고 할 수 있다.

대체로 품관인(品官人)들이 모여 살았던 제주시의 삼도동(三徒洞), 그리고 육지와 제주의 연결 포구였던 화북동(禾北洞)과 조천리(朝天里)에 밀집되어 있었다.

와가가 적은 것은 기와의 재료와 제조기술상의 어려움에 기인하는 것으로 생각되지만, 비바람을 막는 것이 제주민가의 첫 조건인 점을 고려한다면 근본적으로 와가는 비바람에 약하다는 취약성이 주된 원인이라고 생각된다.

지붕 위의 기와는 강한 바람에 날리지 않고 또한 기와 틈으로 비가 스며들지 않도록 기와와 기와의 틈막이를 흰색 회(灰)몰탈로 단단하게 접착시켰는데 육지의 와가 지붕보다는 흰색이 강하게 나타나 제주도 와가의 독특한 아름다움을 표현하는 요소이기도 하다.

배치형태는 초가와 마찬가지로 안마당을 중심으로 안거리와 밖거리가 대칭을 이루는 형태가 기본적이며, 안거리의 상방(床房:마루)에서 이루어졌던 선조의 제사나 가족 간의 모임, 손님접대, 식사 등의 사회적 기능이 밖거리 일부 혹은 전부에 이전되면서 별동(別棟) 공간이 발생하고 이어서 대향배치에서 병열배치로 바뀌는 등 외부공간체계의 분화현상이 발생하게 된다. 또한, 초가의 공간에 있어서의 성별 영역성이 명확한 반면에 와가에서의 성별 영역성은 유교규범(儒敎規範)에 의하여 가례(家禮)는 남성이, 무속(巫俗)적인 전래관행(傳來慣行)은 여성이 전담하면서도 상충(相衝)되지 않으며 또한 이를 위한 어떠한 물리적 공간을 두지 않고 생략되어 있어서 내부공간은 개방적이라고 할 수 있다.

이와 같이 제주도의 와가는 육지로 부터의 유교문화(儒教文化)가 유입되면서 공간 분화된 정도에 따라 몇 가지 유형으로 분류할 수 있다.*

① 반가형(班家型)

전형적인 육지 상류주택의 특성인 안채=여성영역, 사랑채=남성영역이라는 성별 공간분리 현상을 그대로 가진 형식으로, 안거리와 밖거리는 별동의 외부공간인 안마당, 밖거리마당을 각각 가지며, 안거리에 마주하여 정지거리(부엌)가 놓이고 이문거리(머슴용 주거시설 혹은 축사(畜舍)가 있는 대문간)가 모로 배치된다.

② 절충형(折衷型)

제주도 초가의 공간구성에 있어서 중심점인 안마당을 중심으로 한 배치형식이지만, 안거리와 밖거리의 기능변화 즉 안거리에서 행해졌던 손님접대, 식사 등의 사회적 기능이 밖거리로 이전되면서 밖거리 출입부분의 일부 또는 전부를 안채의 방향과 동일하게 둠으로써 안거리와 밖거리의 개별적인 영역성을 확보한 배치형식이다.

---

* 제주도(1987), 제주도민속자료, pp.179~180.

③ 민가형(民家型)

제주지역의 전형적인 네거리 형식의 배치형식으로 안거리와 밖거리는 바닥높이의 차이가 없이 동일한 규모로 하여 균등한 위치를 가졌으며, 또한 모거리에는 가족이외의 다른 식구의 주거용이지만 장식이나 재료사용에 있어서는 안거리와 밖거리와의 차별을 두지 않았다.

건축물은 초가와 마찬가지로 기단, 몸체, 그리고 지붕의 3분법으로 구분할 수 있다. 기본적으로 기단의 높이가 제주도 초가의 경우 15㎝내외, 와가의 경우 40㎝내외로 육지의 상류주택에 비하여 낮은 편이다.

몸체를 이루는 벽체는 초가와 마찬가지로 힘을 받는 주벽체의 외부에 회색 현무암으로 부벽체(덧벽)를 쌓는 형식을 하고 있으나

돌의 크기가 크고 다듬기가 정교한 것이 특징이다. 덧벽은 처마 끝에서 35~45㎝정도 띄운 높이까지 쌓되 지면으로부터 약간 경사지게 쌓아 건축물에 안정감을 주고 있는 것이 특징이다.

지붕은 초가지붕과 같이 모두 우진각 지붕이며, 물매가 얕은 편으로 개개의 기와는 매우 크고 거칠어서 정교하게 다듬어진 현무암의 외벽과 질감대비를 이룬다. 또한 덧벽쌓기를 처마 끝에서 35~45㎝정도 띄운 높이까지만 쌓기 때문에 처마의 깊이가 더욱 깊어지게 되는데 이것은 비바람으로부터 건축물 보호 기능뿐만 아니라 지붕과 벽체의 상호 재질과 명암대비에 의하여 지붕이 더욱 명쾌하게 보이는 의장적 기능을 고려한 것이다.

제주초가에 비해 그다지 많지 않은 주택으로서 재질감과 규모, 그리고 공간구성 등에 있어서 육지의 와가와는 구별되어 의장적, 양식적, 공간적 측면에서 문화적 가치를 갖고 있다.

그러나 제주의 초가가 관리와 유지, 그리고 현대적인 생활양식에 적절히 대응하지 못하여 거의 사라져 가고 있듯이 제주의 와가 역시 차츰 사라져 가고 있는 추세여서 이에 대한 적극적인 보존 노력이 요구되고 있다.

4. 제주 전통건축 요소 들여보기

1) 올래

「올래」는 주택에 출입하는 진입로로써 긴 「올래」를 갖는 주택을 격을 갖춘 집으로 평한다. 폭은 7~10척 정도이고 길이는 30~50척이며 형태도 I형, L형, S형 등 다양하다. 어느 경우이든 끝이 꺾이거나 이문간 설치 등으로 내부가 직접 보이지 않도록 배치된다.

밀집취락형태에서 풍수지리에 의한 대지선정이 된 후 진입을 해결하는 과정에서 자연스럽게 여러 가지 형으로 나타난 것으로 설명되기도 하고 잡귀는 직진성이라는 주술적 인습이나 기후요인이 생성 원인일 것으로 추측하고 있다.

올래의 양측은 돌담을 5~7척 높이로 쌓는데 이 담이 시작되는

길의 모퉁이를 「어귀」라 부르고 여기에는 대단히 큰 돌을 쌓는데 이 돌을 「어귀돌」이라 한다. 「어귀돌」옆에는 집주인이 말을 탈 때 디딤돌인 「말팡」이 놓이며 이것은 주택의 영역표시도 된다. 대문이 없는 경우에는 여기에서 약간 안쪽으로 대문의 대용인 「정낭」이 「정주목」에 끼워지는데 이 형식은 목축 위주인 중산간취락에 많다.

「올래」의 양옆에는 우천시 진땅을 밟지 않기 위하여 집안까지 「다리팡돌」이나 「잇돌」로 불리는 넙적한 돌이 놓인다. 「다리팡돌」은 징검형식으로 띄어 있을 때 명칭이고 「잇돌」은 연이어 있는 것을 말한다. 「올래」의 끝이 꺾인 곳이 「올래목」인데 이곳이 꺾임으로 해서 집안이 직접 보이지 않게 되고 공(公), 사(私)공간의 결절점도 된다. 이곳에 「먼문간」, 「이문간」이 건조되기도 한다.

2) 우영

울담안의 안거리 혹은 밖거리의 측면, 전후면에 위치하여 낮은 담으로 둘러쳐 만들어진 별도의 작은 공간으로 채소 재배가 이루어지는 공간을 말한다.

제주 전통주거는 육지와는 달리 집터가 먼저 자리 잡고 난후 울타리가 결정되기 때문에 부지의 형태가 부정형을 이루고 있는 것이 특징이다. 따라서 울안의 공간은 애매한 여분의 공간, 자투리 공간이 발생되기 마련인데 이러한 여분의 공간에 채소 등을 심어 부식을 자급하는 생산 공간으로 활용하였는데 이곳을 「우영」이라 한다. 혹은 「우잣」이라 부르기도 하는데 이것은 밭으로 쓰이지 않는 허드레 터를 의미하는 것으로 외부의 수장공간이 되는 곳을 말하는데, 규모가 크고 경작지로 이용되는 경우는 「우영밭」으로 부른다.

3) 눌굽

낫가리를 씌워쌓은 것을 말하며, 이를 위해 축조된 터(장소)를 눌굽(눌왓)이라고 한다.

탈곡하기 전의 농작물을 단으로 묶어 쌓아 두거나 탈곡하고 난 짚을 낫가리로 씌워 쌓아 놓은 것을 「눌」이라 한다. 일반적으로 짚은 연료나 우마의 먹이로 또는 「통시」에 넣어 퇴비를 만드는데 사용된다.

이를 위치시키기 위해 축조한 터(장소)를 눌굽(눌왓)이라고 하는데, 눌굽은 마당의 한 곁으로 위치하게 되는데 침수를 피하기 위하여 마당의 지면으로 부터 대략 40~50cm 높게 돌로 단을 놓고 평평하게 했다.

눌은 지붕의 형태와 조화를 이루어 제주 전통주거의 주요 경관요소라고 할 수 있다.

4) 굴묵

구들(방)의 난방을 위해 불을 때는 곳, 즉 구들에 불을 지펴 밀어 넣기 위해 만든 구멍을 가리키는 말이다.

제주 전통가옥에서 찾아볼 수 있는 특징 중의 하나는 부엌에서 취사와 난방이 동시에 이루어지는 육지부의 그것과는 달리 취사와 난방이 분리되어 있다는 점이다. 즉 제주 전통가옥의 일반적인 3칸 집을 기준으로 볼 때, 가운데 사회적 공간인 상방(마루)을 두고 상방의 한쪽은 구들(방)과 고팡(곡식창고)을 두었고 다른 한쪽은 정지를 두었는데 전후좌우에 전부 퇴간을 두었다. 이때 측면퇴는 구들의 난방을 위한 굴묵이 되었다. 구들에서는 굴묵의 상부가 벽장으로 이용되었다. 반면 고팡과 정지의 경우 측면퇴간이 포함되어 구들에 비해 넓은 편이다.

난방을 위해 사용되었던 연료는 말과 소가 많았던 제주의 특성상 주로 말똥과 소똥을 말려 사용하였다.

5) 구들

우리나라 주거공간에 있어서 방의 바닥을 구성하는 구조체는 크게 구들과 마루가 있다. 마루에는 넓은 나무판을 깔아 바닥을 난방하지 않아 남방적 요소가 짙은 것이라면 구들은 나무판 대신 넓은 돌을 깔아 바닥을 구성하고 아래에 불을 지피어 난방하기 때문에 북방적 요소가 짙다.

구들은 사전적인 용어로는 방구들이라고도 한다. 구성방식은 지극히 간단한데, 넓은 판석(구들장이라고도 함)을 겹쳐 쌓아 깔고 그 위에 황토 흙으로 마감하고 다시 장판으로 마감한 뒤, 판석 밑에 열기가 지나는 길(구멍)을 설치하여 아궁이에서 불을 지피어 열기가 판석 밑을 지나면서 바닥을 따스하게 하는 난방하는 독특한 채난(採暖)방식을 지칭하는 것으로 온돌이라고도 한다. 데워진 판석이 비교적 오랫동안 열을 간직하기 때문에 적은 연료를 이용하여 긴 시간을 난방할 수 있고 또한 연료를 직접 연소시키지 않기 때문에 환경측면에서도 청결을 유지할 수 있고, 습기가 많은 여름철에는 습기가 차지 않도록 하여 쾌적한 거주환경을 만드는 기능을 갖고 있는 등, 효과적인 난방시스템이라고 할 수 있다.

육지에서는 취사와 방의 난방이 부엌이라는 동일한 장소에서 이루어지지만 제주의 경우 취사를 위해 불을 지피는 것은 부엌에서 이루어지고 방의 난방은 부엌과 구별되는 굴묵이라는 난방을 위한 공간을 두어 방에 불을 지피는 것이 제주 구들의 가장 큰 특징이다.

즉 상방(마루)에는 온돌설비가 없으나 구들방의 측면에는 난방 공간인 굴묵이 있어 이곳을 통해 솔잎 혹은 보리 고스락 등을 태워 난방을 하였다.

따라서 제주에서는 구들을 흔히 방(房)이라고 부르는 생활공간을 지칭하는 공간임과 동시에 난방이 되는 생활공간으로 온돌설비가 없는 상방(마루)과 구별되는 공간으로 부르고 일반적으로 고팡(곡식을 보관하는 공간)에 접한 구들을 「큰구들」이라 하고, 이외의 구들을 「작은구들(혹은 조근 구들)」이라 한다. 「큰구들」은 부부, 유아, 내객의 침실로, 조상신의 제사 등이 이루어지는 주요 공간이라고 할 수 있으며 「작은 구들」은 자녀들이 사용하게 된다.

제주 구들의 구조체는 일반적으로 구들의 크기는 2.0~2.2m이며 높이는 1.9~2.0m로 낮은 공간을 이루고 있으며, 넓은 판석을 깔고 흙을 발라 바닥은 유지 바름으로 마감되었다.

6) 난간

툇마루를 의미하는 공간을 가리키는 말이다. 내부공간에 해당되는 상방(마루)과 외부공간인 마당사이에 놓여지는 중간적인 성격의 매개 공간 혹은 완충공간의 기능을 갖고 있다. 따라서 공간적 모호성 혹은 중간적 성격으로 인하여 상방 기능의 질을 높여주면서도 동시에 외부의 자극적인 환경 즉 비바람과 일광을 걸려주거나, 때로는 사람이 걸터앉아 마당을 관조하는데 이용되는 유용한 공간이다.

7) 궤팡

곡식을 보관하는 공간으로 일반적으로 「큰구들(큰방)」에 위치하고 있다.

「고팡」은 주로 곡물을 저장하는 수장공간으로 「큰 구들(큰방)」에 위치하는 것이 일반적이다. 곡식을 보관하는 장소이기 때문에 고팡의 바닥은 흙으로 마감되 벽은 흙벽이며 천정은 노출반자이다.

환기를 위한 한 두개의 작은 창을 내고 상방에서 통하도록 되어 있다. 이와 같이 상방을 사이에 두고 안방에 접하여 위치한 이유는 평면설계상 합리적인 분할식 방법에 의한 간 나누기를 하기 위한 것이거나 혹은 소농으로의 어려운 생활환경에서 식량의 비축을 위한 것으로 해석되고 있다. 제주무속의 가내신(家內神)의 위계상 무속신 「안칠성」이 고팡을 지배하며 제사 때에는 이 신을 위하여 「고팡상」을 차린다.

8) 찻방

밥상을 차리고 식사행위가 이루어지는 공간을 지칭하는 말이다. 취식분리가 이루어지는 것이 제주 전통주거공간의 특징이다.

제주의 전통건축에서 찾아볼 수 있는 특이한 공간 중의 하나로써 부엌과 작은 구들(작은방) 사이에 놓여 있는 생활공간이다. 챗방의 위치에서 알 수 있듯이 주부의 주요 가사공간인 「정지(부엌)」와 안식공간인 「상방(마루)」 사이의 연결공간에 놓여지는 일종의 중간적인 성격을 지닌 공간이기도 하다. 즉 가사행위와 식사행위, 취침행위가 완전히 구별되어 공간적 기능분화가 명확하게 이루어진 것이 특징이다.

9) 통시

제주의 전통건축에서 찾아볼 수 있는 뒷간으로 화장실에 해당되는 공간이다.

제주 전통건축에서 찾아볼 수 있는 「통시」는 제주만의 독특한 주거문화의 요소 중의 하나이다. 「통시」는 일반적으로 안거리의 한쪽 옆을 돌아선 곳에 설치되었는데 이는 통시에서 이루어지는 행위가 은밀한 사적 행위가 이루어지기 때문이다. 또한 통시의 구조는 지면에서 2,3단정도 높게 하여 2개의 긴돌을 걸쳐두었고 통시의 바닥은 마당보다 낮게 되어 있어서 배설물이 밖으로 흘러들어오지 못하도록 하였다. 여기에 돼지를 사육하였는데 단순히 사람의 배설물을 처리하는 기능 이외에도 돼지사육을 통해 음식물 등의 잔밥을 처리하고 나아가 집안의 경조사 때에는 돼지를 잡아 행사를 치루는 등 처리와 생산, 그리고 집안의 재산 증식이라는 복합적인 의미를 지닌 중요한 공간이기도 하다. 특히 중요한 것은 통시에서 만들어지는 돗거름은 농사에 사용되는 유기질 거름의 생산공간으로써 중요한 기능도 갖고 있기도 하다.

제주도의 무속은 신의 위계에 따라 주거내에 각기 영역이 정해져 있는데 「통시」를 관장하는 신으로 「칙도부인」이 있다.

10) 안뒤

안거리의 뒤뜰에 놓여진 공간으로 후정(後庭)에 해당되는 공간이다. 「정지(부엌)」를 통해 들어갈 수 있는 공간으로 여성의 공간에 해당된다. 여기에는 '밧칠성'이 모셔지는 장소이기도 하다.

안거리의 「상방」 뒷문이나 「정지(부엌)」를 통하여 출입하며 여성들의 공간이며, 또한 장독대가 놓인 공간으로 집안 음식의 맛을 좌우하는 주생활의 주요한 공간이기도 하다. 특히 「안뒤」 공간은 울담을 쌓아서 외부로부터 격리되고 폐쇄적인 곳으로 출입은 「상방」을 통하거나 「정지(부엌)」를 통하여야 가능한데 여기에 제주 무속의 부신인 「밧칠성」이 모셔지는 장소로써 타인에게 공개되지 않는 음(陰)의 공간이라고 할 수 있다. 이와 반대로 마당이 활동적인 양(陽)의 공간이라고 할 수 있다.

그리고 후정에 해당되는 「안뒤」에는 집의 상징이 될 만한 나무를 심어 그늘이 크다.

5. 김석윤 가옥

제주특별자치도 지정 민속자료4-1로 지정된 와가이다. 김석윤 가옥은 제주 전통와가가 취하고 있는 기본적인 배치양식을 하고 있으나 공간진입 구성에 있어서 조금 독특한 면이 있다. 즉 지금은 구획정리사업으로 인하여 올래가 크게 변형되었으나 원래 약 18m 정도의 올래를 따라 대문격인 문간, 모거리(이문거리)를 거쳐 안쪽 마당으로 진입하게 되는데 문간과 모거리 사이의 바깥마당, 안거리와 밖거리 사이의 안마당의 외부공간 구성수법은 육지부의 상류주택 외부공간 수법과 유사하다고 할 수 있다.

독특한 것은 와가와 초가로 구성되어 있는데 안거리와 문간은 와가로, 밖거리와 모거리가 초가이다. 안거리는 4칸 와가형태로써 상방(마루)을 중심으로 좌측에 정지와 챗방, 작은방이 배치되어 있고 우측에는 큰방, 고팡을 배치한 공간구조를 하고 있으며 상방의 앞과 뒤, 그리고 큰방 앞에 마루가 놓여 있다.

밖거리는 4칸 초가로 2개의 상방으로 구성되어 있다. 이는 상방을 중심으로 별도의 기능을 갖게 되는 것으로 우측의 상방에는 큰방과 작은방이 구성되어 접객 및 바깥주인의 거처공간으로 사용되어 일종의 사랑방 기능을 갖고 있고, 좌측에는 큰방과 고팡을 두어 자녀세대의 생활공간으로 구성되어 있다.

한편, 전면4칸인 모거리는 가운데가 이문, 좌측에 몰막과 우측에 방으로 구성되어 있다.

와가와 초가가 구성된 건축의 형태뿐만 아니라 진입로에서 올래를 거쳐 바깥마당, 안쪽 마당, 그리고 안뒤로 이어지는 공간구성은 안과 밖이 폐쇄적이면서도 개방성을 유지하는 지극히 기능적이면서도 각각의 공간이 내포하고 있는 공간적 미학을 찾을 수 있고, 이러한 근풍경(近風景)이 제주건축에서 엿볼 수 있는 아름다움이라고 할 수 있다.

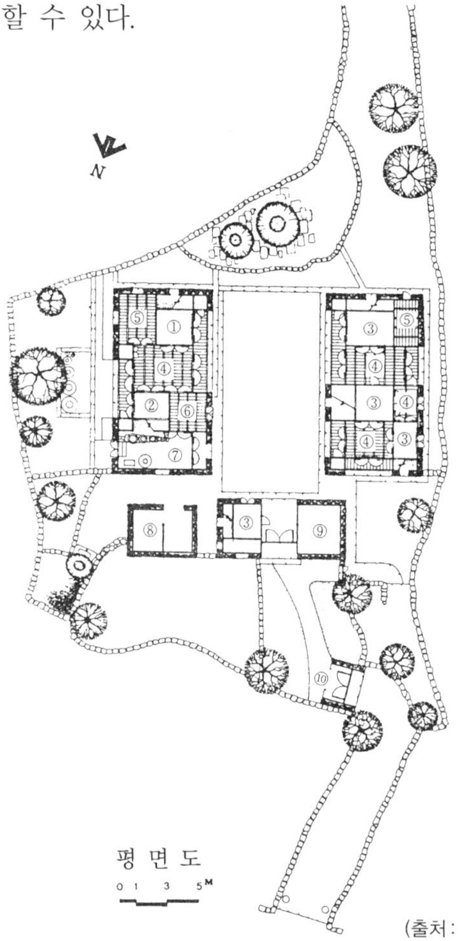

① 큰구들
② 작은구들
③ 구 들
④ 상 방
⑤ 고 팡
⑥ 찬 방
⑦ 정 지
⑧ 외 막
⑨ 쇠 막
⑩ 이문간

(출처 : 제주도(1987), 제주도민속자료)

6. 강은봉 가옥

제주특별자치도 지정 민속자료 3-1호로 지정된 초가이다.

올래와 이문간을 거쳐 마당으로 진입하는 일반적인 제주 전통건축에서의 진입과는 달리 강운봉 가옥의 경우 양측에 우영을 끼고 ㅡ자형의 긴 올래를 따라 진입하여 밖거리의 앞쪽을 바라보면 마당으로 진입하게 된다. 이문간이 없이 안거리와 밖거리, 2동으로 구성된 초가가 마당을 중심으로 마주보는 배치를 하고 있다.

통시는 눌굽과 안거리에 의해 가려진 구석진 곳에 위치하고 있고 뒤쪽으로 큰 팽나무가 놓여 있어 은밀한 곳을 더욱 폐쇄적인 공간으로 만들고 아울러 북서풍을 막아주는 역할도 하였다.

평면구성을 보면, 안거리와 밖거리는 각각4칸으로 구성되어 있는데 밖거리의 경우 한칸은 헛간으로 사용되었고 나머지 3칸은 중앙에 상방이 놓이고 좌우에 각각 작은 구들과 고팡, 그리고 작은마루와 작은 구들이 위치한 것이 특징인데 특이하게 서당으로 사용되었던 간살이로 사용되었다. 1978년 11월 14일 민속자료로 지정되었다.

안거리와 밖거리 모두 초가형태로써 배치는 안거리와 밖거리, 그리고 모거리와 눌굽에 의한 사국형성(四局形成)이 아니라 안거리와 밖거리, 눌굽에 의해 안마당을 형성하고 있고 안거리는 찻방이 전면에 있는 형태구성을 하고 있다. 일반적인 제주 전통건축과는 달리 이문간이 없는 것이 특징이며 밖거리에 작은마루가 두 개 달린 다소 변형된 근대적인 형태라고 할 수 있다.

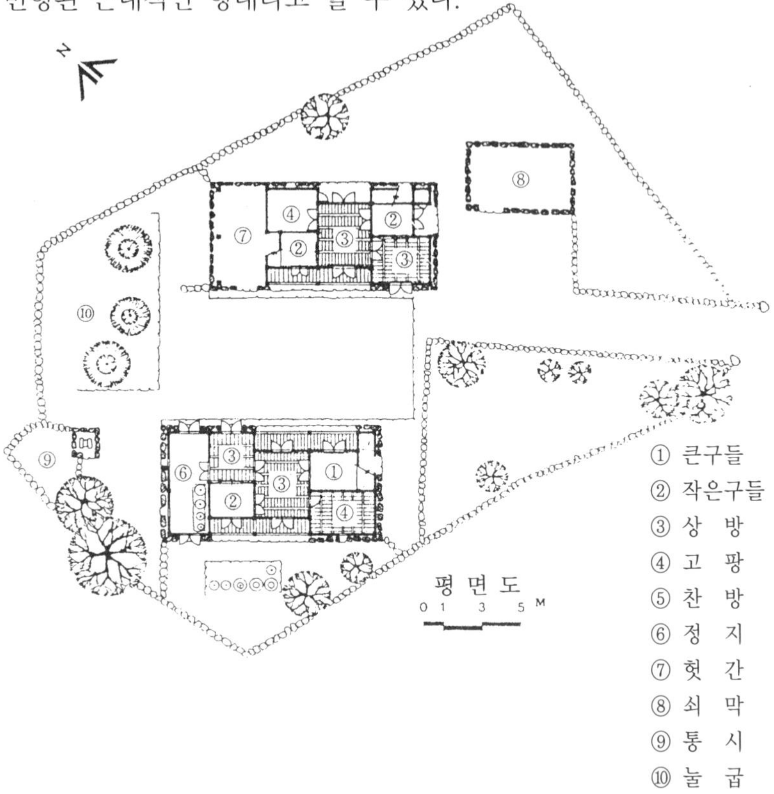

(출처 : 제주도(1987), 제주도민속자료)

7. 제주 전통건축의 문화적 가치와 보존방향

건축분야에 종사하는 사람들에게는 단순히 생활공간을 창출해 낸다는 의미를 떠나서 건축이란 무엇인가에 대한 근본적인 물음을 가끔 하곤 한다. 이러한 물음의 이면(裏面)에는 지극히 보편적이고 흔히 사용되어지는 경향의 균질한 건축을 대량생산해는 것에 대한 반성을 통해 건축적 본질에 대한 정확한 이해를 구하기 위한 절실함이 있기 때문이라고 생각된다.

도시적 차원이 아니라 단일 건축에 한정하여 논한다면, 건축의 기본은 무형적 공간(空間, 생활의 장소)과 유형적 형태(形態, 시각적 전달의미)의 결합이라고 할 수 있다. 무형적 유형적 결합 과정에 지역의 기후 조건과 생산, 손쉽게 구할 수 있는 재료, 그리고 가족제도 등 다양한 인문 사회적 요인과 물리적 환경들이 영향을 주게 됨으로써 지역적 특성이 반영된 건축물이 창출된다. 그래서 우리가 흔히 건축의 지역성이나 문화적 가치를 언급하는 이유도 여기에 있는 것이다.

제주는 육지와 떨어진 섬이었기에 자연히 전통건축은 육지부의 그것과 구별되는 독특한 공간과 형태를 형성해 온점은 널리 알려진 사실이다. 앞서 언급하였던 지역성이나 문화적 가치 측면에서 본다면 당연히 지역성이 뚜렷하고 문화적 가치 또한 적지 않다고 할 수 있다.

그러나 1960년대부터 제주에서 시작된 개발과정 속에 제주의 전통건축이 지닌 지역성이나 문화적 가치에 대한 연구와 평가가 이루어지지 않은 채 주거환경개선과 취락구조개선, 그리고 근대화라는 이름 아래 제주지역의 전통적인 주거양식이 소멸되어 갔고, 한편으로는 근대화된 국가를 꿈꾸고 있었던 당시로써는 그것이 발전의 결과물 내지는 발전과정에서 발생하는 어쩔 수 없는 과정으로 인식되어 온 것도 사실이다.

그러나 건축이 가진 지역성과 문화적 가치 창출이라는 본질적인 추구와 노력이 없이 균질(均質)적인 건축물을 생산하는 과정에서 제주의 전통건축이 지닌 가치와 의미를 재평가하기 시작한 것이 1970년대이다. 그 단초를 제공한 계기가 되었던 것은 제주성(濟州性)을 갖기 위한 노력을 지역 건축가에게 강조하였던 제주신문의 사설이었는데, 이를 통해 제주건축의 중요성과 보존의 필요성이 일반시민들에게 강조됨으로써 문화로서의 건축에 대한 인식이 변하기 시작한 계기가 되었다고 할 수 있다. 특히 행정당국에서도 이에 대한 중요성을 인식하기 시작하였는데 당시 도지사였던 장 일훈 지사가 도정방향에 대해 언급 하면서 제주건축의 방향에 대해 "제주다움을 유지해야 한다"라고 언급한 것이다.

그러나 이러한 노력과 관심에도 불구하고 행정기관을 중심으로 이루어진 논의였기도 하거니와 당시의 사회적 분위기와 현실, 그리고 행정기관의 소극성으로 인하여 제주지역 건축은 제주다움과 제주답지 않음, 전통적인 것과 현대적인 것, 그리고 보존과 개발의 이분법적인 논리로 인하여 별다른 논의와 진척을 보지 못한 채 오늘에 이르고 있다.

그 과정 속에 제주 전통건축의 가치 보존을 위해 성읍민속마을이 문화재로 지정되었고, 표선민속촌이 형성되었지만, 이들 민속촌은 문화재로서의 가치 보존이라는 한계성을 넘어 상업적 공간으로 변질되어 버린듯하다. 특히 성읍민속마을의 경우 제주의 지역성이 그대로 재현되어 문화재로서의 가치를 유지하지 못한 채 언제 부터인가 외형이 변질되기 시작하였고 음식점과 판매시설로 공간이 변질되면서, 주변환경도 경관관리가 적절히 이루어지지 않아 문화경관 측면에서도 매력적이지 못한 것이 성읍민속마을의 현주소이다. 민간사업자가 조성한 표선민속촌의 경우도 사정은 다르지 않아 제주 전통건축물을 이전해 놓아 제주마을이 가진 고유의 분위기를 느끼기 어렵고 게다가 성읍민속마을과는 달리 사람이 거주하지 않아 공간 자체가 더욱 활기차지 못하다.

문화관광부에서 한국의 백선(百選)을 선정 발표하였는데 제주의 초가와 돌담 등이 포함되었다고 한다. 그 만큼 제주의 초가와 돌담이 아름답고 문화적 가치가 있음을 평가한 것이다.

기존의 성읍민속마을이나 표선민속촌의 한계를 벗어나 제주의 전통건축이 온전히 보존되고 관리되어 질수 있는 전통마을의 조성이 필요한 시기이다. 현재 지방 민속문화재로 지정된 초가와 와가가 몇 채 되지 않아 지방 문화재의 계승에 많은 문제를 안고 있다. 지금이라도 이들 와가와 초가를 특별자치도 문화재 당국이 구입하여 소규모 전시공간이나 도서관으로 개조 활용하여 시민의 품으로 돌려보내는 문화정책사업도 의미 있을 것이다. 한편으로는, 제주 전통마을의 재현사업을 통해 고령화되어 가는 장인(匠人)의 축조기술을 자료로 정리하여 연구 및 복원자료로 활용될 수 있도록 하는 것도 중요할 것이다. 특히 제주 전통마을의 활용에 있어서도 전통마을에 제주의 인간문화재를 거주하게 하여 문화재기술 전수가 이루어지는 문화 전수장으로서, 그리고 아울러 일반인들에게 제주문화의 우수성을 알리는 전시공간으로 활용한다면 진정한 전통문화재의 보존과 개발이 될 수 있으리라 기대해본다.

8. 추사적거지 정비계획 유감(有感)

문화, 그리고 문화재라는 것은 무엇인가? 문화란 주어진 자연적인 조건을 탈피하여 일정한 목적 혹은 이상적인 생활을 실현하려는 활동의 과정에서 형성된 물질적 정신적 결과이다. 이러한 측면에서 볼 때, 문화재는 한 국가 혹은 지역의 역사적 시대적 축척으로서 한 시대의 문화를 표출하는 중요한 축적물이라고 할 수 있다.

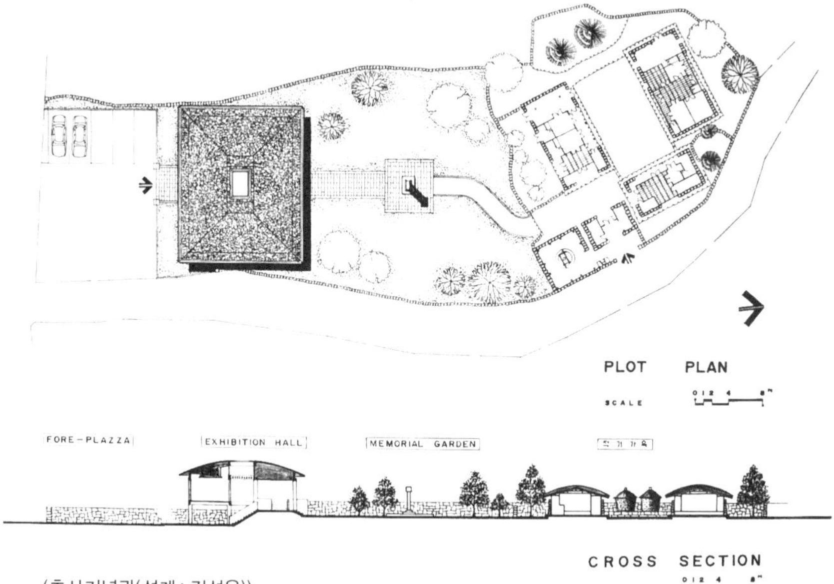

(추사기념관(설계 : 김석윤))

제주에도 적지 않은 문화재가 남아있고 개별적인 문화재에는 각각의 역사적 의미를 내포하고 있어 자세히 들여다보면 그 자체가 흥미로운 제주의 역사이자 문화임을 느끼게 하는 것이 적지 않다.

그러나 불행하게도 제주에서의 문화재에 대한 보전과 관리에 많은 관심을 기울이지 못하고 있음에 아쉬움과 우려를 숨길 수 없는 것이 현실이다. 문화재로 지정된 아름답기 그지없는 제주의 전통초가집이 도시계획상의 도로개설로 올래가 잘려나가 기형적인 문화재가 되고 있다. 단순히 초가집 그 자체만을 문화재로 인식하는 문화재 관리당국의 문화재에 대한 인식의 단면을 보여주는 것이다.

최근 문화재청의 예산지원으로 추사 유물전시관 건립이 추진되고 있다. 잘 알려진 바와 같이 秋史 김정희(金正喜) 선생은 척박하고 고독한 제주의 유배생활 8년 3개월을 보내면서 과거 특권층으로서

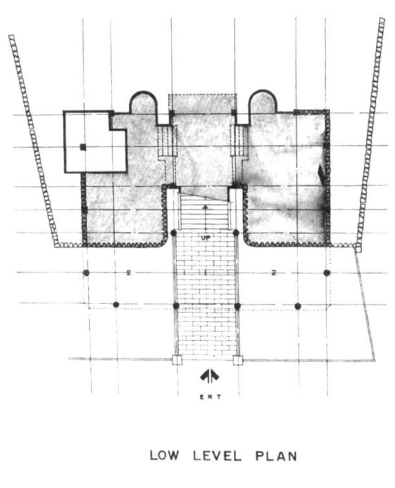

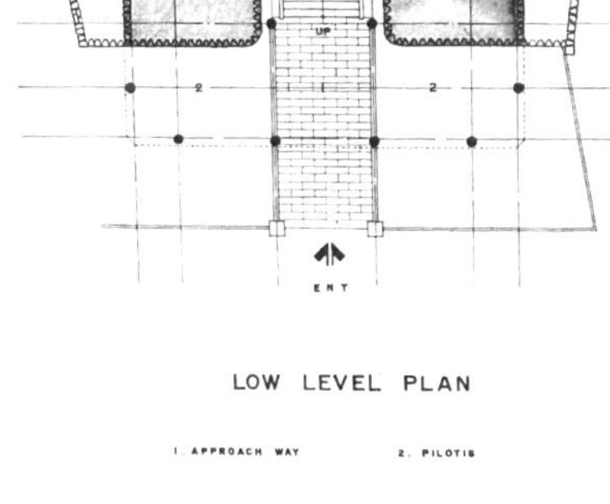

LOW LEVEL PLAN

1. APPROACH WAY
2. PILOTIS

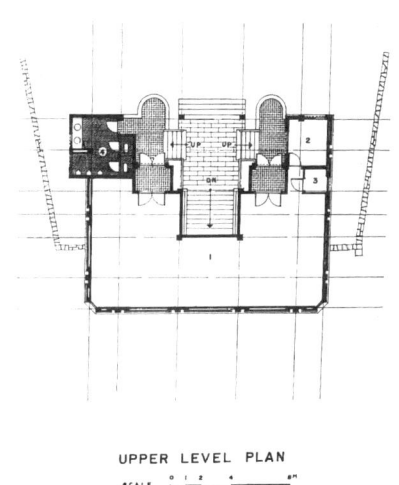

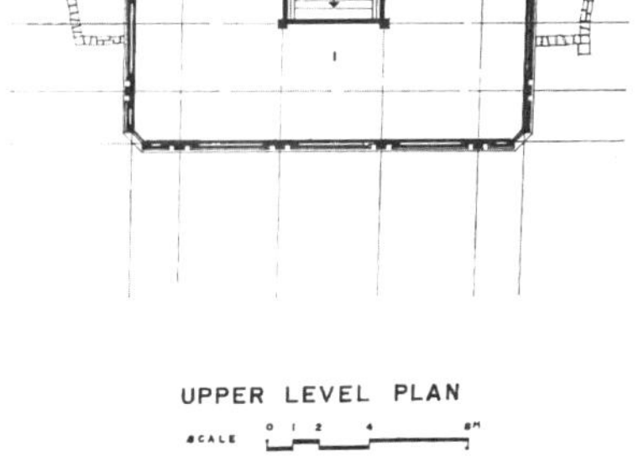

UPPER LEVEL PLAN

SCALE 0 1 2 4 8M

1. MAIN EXHIBITION
2. ADMINISTER'S RM
3. STORAGE
4. TOILET

누려왔던 삶과 가치관과는 다른 예스러운 멋과 회화적 조형미의 추사체를 만들어 내게 되었다. 秋史 김정희(金正喜) 선생이 유배생활을 통해 새로운 예술세계를 만들어 내었던 제주이기 때문에 유물전시관은 당연히 필요하고 건립되어야 할 것이다. 그러나 정비사업의 내용을 보면 기존의 추사기념관이나 비석이 철거된다고 한다. 제주의 주요 문화재로서의 추사적거지에 대한 문화적 가치와 역사적 가치를 남겨두고자 하는 노력의 흔적을 찾을 수 없다.

지금의 추사적거지는 1984년 복원되었다. 필자가 귀동냥으로 전해 듣기로 복원 배경에는 故 湖岩 양창보(梁昌普) 선생을 중심으로 추사적거지 복원을 위해 서울 등 각지에서 당대의 유명화백으로 부터 149점의 작품을 기증받아 당시 학생회관에서 판매하여 마련된 수입금으로 지금의 추사 기념관을 건축가 김석윤(金石崙) 선생에게 설계 의뢰하였다고 한다. 당시 설계비는 3백만원 정도였으나 실제 지급비용은 2백만원 정도로 일종의 기부를 받은 형식이 되었다고 한다. 그리고 기념관 마당에는 비석이 세워졌는데 비문은 故 研農 홍종시(洪鍾時) 선생의 글씨가 쓰여 졌고, 뒷면은 제주서단의 기초를 세우신 한학자 서예가 聽灘 김광추(金光秋) 선생이 쓰셨다. 이 비문의 글들은 故 研農 홍종시(洪鍾時) 선생이 타계하시기 전에 추사 기념비가 세워질 것을 예견하시고 비문을 써두셨던 것을 댁에서 보관하여 왔고, 聽灘 김광추(金光秋) 선생의 글 역시 1960년대에 이미 써 두었던 것이 복원사업을 통해 햇빛을 보게 되었다고 한다. 게다가 추사 적거지의 입구 역할을 하고 있는 추사기념관의 현판은

素菴 현중화(玄中和) 선생의 작품이다. 현판의 글 쓰시기를 완곡히 거절하시다가 여섯 번의 요청 끝에 추사체에서 집자(集子)하여 쓰셨다고 한다. 이와 같이 추사 기념관과 비문은 秋史 김정희(金正喜) 선생을 흠모하는 제주 예술가의 사상이 고스란히 스며들어 있는 역사적 문화적 장소이자 그 자체가 문화재라고 할 수 있다.

새롭게 건립될 추사 유물전시관에는 추사의 유물만이 존재 하는 것이 아니라 그것을 계승하고 지키기 위해 노력하여 온 제주 예술가들의 활동과 정신적 가치관이 함께 전시되고 보존되어야 하는 것이다. 그래서 기존의 추사기념관이 의미 있는 것이고, 마당의 비석이 중요한 것이다. 도로 개설로 올래가 잘려나간 제주의 초가가 더 이상 문화재의 가치가 없듯이 추사적거지 복원을 위해 노력한 제주 예술인들의 유물들이 잘려나간 추사 유물전시관이 되지 않기를 간절히 기원하며 문화재 당국의 적극적인 노력을 기대하였던 것이 필자의 소박한 기대였다. 그러나, 이미 상당부분 기존시설물들이 철거되어버린 현실을 바라보면서 문화재당국의 인식과 노력에 아쉬움과 절망감을 느끼게 한다.

아울러, 문화재지킴은 단순히 행정당국에 의지하기보다는 역사와 문화를 소중히 여기는 많은 시민들과 함께 노력해가야 할 시기임을 새삼 느끼게 하는 것도 사실이다.

제2장
도시풍경과 개발문제

02

제주 도시들은 지극히 자동차 중심의 기능적이고 획일적으로 구획한 도시개발에 지나지 않는다. 이도지구, 아라지구, 노형지구 등의 이른바 주거환경 개선을 위한 도시개발 사업이 대표적인 사례이다. 이들 도시개발에는 제주 특유의 지형적인 조건에 대한 배려도 없거니와 원풍경(遠風景)에 대한 고려도 부족하다.

1. 왜 제주는 세계적인 도시로 될 수 없는가?

잠시 제주를 떠나 외국에서 생활한 적이 있다. 1년 동안 머물렀던 도시는 2010년 동계올림픽 유치를 둘러싸고 우리나라 강원도 평창과 한판 경쟁을 벌였던 캐나다 밴쿠버이다. 세계적인 관광지이기 때문에 어느 나라에 있는 도시인가는 몰라도 그런 도시가 있다는 정도를 인지하고 있을 것이다. 이러한 세계적인 관광도시에 살면서 자연히 한국은 어디에 있는가, 그리고 제주는 왜 세계적인 도시가 되지 못하는 가에 대한 의문을 가질 수밖에 없을 것이다.

이 대한 필자의 몇 가지 생각을 정리해 본다.

첫째, 다양성의 부족이다.

다양성이란 여러 가지로 해석할 수 있는데, 요컨대 선택에 대한 다양성의 부족을 강조하고 싶다. 제주방문을 자극할 수 있는 매력적인 정보제공의 다양성, 그리고 가장 중요한 교통의 다양성, 저렴하면서도 깨끗한 숙박시설의 다양성, 획일적이지 않고 경제적 시간적 능력에 맞게 선택하여 즐길 수 있는 상품의 다양성 등이다. 이러한 몇 가지 예를 들어 보더라도 제주는 다양성이 많지 않는 것이 현실이며 이에 대한 해결이 필요할 때이다.

둘째, 배타적인 지역문화를 들 수 있다.

제주국제자유도시의 세부 추진사항 중에 외국인 전용병원에 대해서도 반대의 의견이 많았던 것으로 기억한다. 밴쿠버에 잠시 거주하고 있는 필자도 이곳 사회에서는 소수민족일 수밖에 없으니 일상생활에 어려운 점이 많다. 특히, 병원까지 가야할 처지라면 일단 상당한 스트레스를 받을 수밖에 없으니 자연히 한국 사람과 관련된 병원이나 점포를 찾기 마련인 것이다. 마찬가지로 배우기 어려운 한국어에 능통하지 않은 외국인이 가족과 제주에 거주한다고 하면 아마 필자가 밴쿠버에서 겪는 어려움의 몇 배일 것이다. 그래서 외국인 전용병원, 외국인학교 등과 같이 가장 필수적이고 중요한 시설에 대한 배려와 지원이 필요한 것이다.

셋째, 건축과 도시 인프라의 문제이다.

건축물은 생활하기 위한 공간이기도 하지만 외형을 통해 지역의 문화적 수준과 역사적 깊이를 묵시적으로 전해주는 중요한 매개체이기도하다. 제주의 현실은 어떠한가? 천혜의 자연경관을 자랑하지만, 아이러니컬하게도 녹지공간이 부족하고, 도로체계는 보행하기 어려운 상태이고 건축물은 지역성이 결여되어 있어 무표정하고, 게다가 사람들이 다니는 거리는 문화적 이벤트가 부족한 실정이다.

시민들의 삶의 질을 향상시키기 위한 측면에서도 녹색도시에 어울리는 세련된 건축물, 그리고 안전하고 쾌적하게 거닐 수 있는 가로체계의 구축을 위한 많은 고민이 요구될 때이다.

넷째, 언어사용의 문제이다.

제주국제자유도시의 비교도시로 언급되는 싱가폴이나 홍콩에서 알 수 있듯이 주요 언어수단은 영어를 사용한다는 점이다. 오래전 싱가폴의 항만공사를 방문 했을 때, “영어를 사용하고 있으나 결코 우리는 우리의 정신을 잊지 않으려고 한다”라고 이야기하였던 안내자가 기억에 남는다.

글로벌화 시대에 한국만이 그리고, 제주만이 고유의 정신과 문화를 유지하겠다고 유지되는 것은 아닌 것이다. 가장 중요한 것은 급변하는 세계 문화 흐름 속에서 우리의 것을 지켜가는 조화된 모자이크 사회와 문화를 형성하는 것이다. 제주가 처해있는 어려운 현실 상황을 슬기롭게 대처해 가는 장기적이고 구체적인 방안의 실천과 노력이 절실히 필요한 시기이다.

2. 제주국제자유도시의 조건

싱가폴은 도시국가이지만 세계경제에서 상당한 비중을 차지하고 있는 국가이기에 국제적인 도약을 꿈꾸는 제주로서는 한번쯤 벤치마킹을 하여야 할 국가이다.

몇 년 전 국제자유도시와 관련하여 싱가폴을 방문하게 되었는데 마지막 일정으로 잡힌 인도네시아의 바탕섬을 방문하고 나서야 국제자유도시의 필요성을 더욱 실감하게 되었다. 바탕섬은 싱가폴에서 배편으로 한시간정도 떨어진 곳에 위치한 인도네시아의 섬으로 필리핀이나 태국에 대항하기 위해 개발된 관광지이다. 그러나 1960년대의 한국을 생각하게 하는 풍경을 보면서 겨우 한 시간 거리에 위치한 싱가폴과 인도네시아, 두 곳은 왜 이렇게 다른 삶을 영위하고 있을까, 많은 생각을 하게 하였다. 자원으로 보면 인도네시아가 더욱 많을 것이고 국토의 규모도 더욱 클 것인데.

그럼, 싱가폴을 벤치마킹하고자 하는 제주는 어떻게 해야 할 것인가? 이러한 고민을 반복하면서 나름대로 결론을 내리게 되었다. 바로 국제화이다. 세계를 상대로 하는 글로벌적인 전략과 노력이 중요하다는 것이다. 이런 이야기는 극히 일반론적인 이야기에 불과하지만 우리들은 이러한 일반론적인 이야기를 너무나 간단히 잊어버리는 것 같다.

제주에서 가장 빈번하게 사용되는 단어가 바로 "세계적이다", "국제적이다"라는 단어이다. 과연 제주가 국제적이고 세계적으로 유명한 도시가 되었는가는 의문이다. 불행하게도 제주는 국제적이지도 세계적이지도 못함을 우리는 인식하여야 할 것이다. 혹자는 국제적이지도 세계적일 필요도 없고 지금 있는 그대로의 제주를 유지하는 것이 제주의 문화와 역사를 유지 발전해갈 수 있다고 주장할 것이다. 그러나 이제 단일국가 혹은 단일 지역만으로 존재하기 어렵고 상호의존적이며 보완적인 관계를 유지할 수밖에 없는 하나의 거대한 시스템을 만들어 가고 있다. 흔히들 지구촌이라고 이야기하고 있지 않는가! 이런 상황에서는 더 이상 국제화는 우리가 선택할 수 있는 것이 아니라 우리가 적극적으로 만들어 가야하는 필수적인 사항인 것이다.

싱가폴과 같은 국제적이고 세계적인 제주가 되기 위해서는 다음 몇 가지를 실천해야 할 것이다.

첫째, 철저한 언어교육과 국제적 감각을 유지하는 것이다.

전 세계를 하나로 묶는 획기적인 시스템인 인터넷의 발달로 더욱 영어의 중요성이 더욱 높아지고 있다. 온라인상에서 마우스 하나로 간단하게 지구촌 곳곳을 방문할 수 있는 시대이다. 실시간으로 지구촌 반대편의 다른 사람과 커뮤니케이션할 수 있게 되었다. 그리고 다양한 정보를 간단히 습득할 수도 있게 되었다. 이러한 시스템이 원만히 그리고 보다 정확하게 이루어지기 위해서는 공통의 의사전달수단인 영어가 중요할 수밖에 없을 것이다. 따라서 장기적인 측면에서 효율적이고 체계적인 언어교육을 추진하는 것도 신중히 검토하여야 할 것이다.

둘째, 쾌적한 주거환경을 형성하는 것이다.

영어교육 못지않게 중요한 것은 쾌적한 주거환경이라고 할 수 있다. 도로와 가로수, 그리고 건축물로 잘 정비된 늘 푸른 녹색도시 공간이야 말로 삶의 질을 가름하는 중요한 수단이기도 하거니와 외국인을 유인하는 중요한 수단이 될 수 있는 것이다. 많은 외국인이 한국근무를 기피하는 이유 중의 하나가 언어문제와 자녀교육, 그리고 낙후한 주거환경을 들고 있다. 고층건축물이 많이 들어섰다고 국제도시가 될 수 없다. 그나마 제주는 아직 쾌적한 주거환경을 유지하고 있다. 국제적인 수준의 도시가 되기 위한 세심한 배려와 검토가 필요하다.

셋째, 가장 중요하고 필수적인 사업부터 시작하여야 할 것이다.

우리 사회의 특징 중의 하나는 빨리빨리, 그리고 동시에 너무 많은 것을 시작하려고 하는 것이다. 그러나 제주의 여건상 동시에 모든 것을 시작하기에는 역부족일 것이다. 우선 가장 중요하고 파급효과가 큰 것이 무엇인가를 검토한 후 하나의 프로젝트만이라도 효율적이고 적극적으로 추진하는 것이 우선일 것이다.

3. 제주도 국제자유도시를 위한 패러다임 전환

오랫동안 거론되어왔던 제주도 국제자유도시법안이 2001년 말 통과되었다. 2002년 국제자유도시의 원년이 되는 뜻 깊은 해라고 할 수 있다.

국제자유도시 추진문제가 공식적으로 언급이 되면서 제주도 내외에서는 찬반의견이 분분하였으나, 국제자유도시 추진이 국가적 차원에서 추진되기로 결정된 이상 만족할 만한 결과를 얻기 위하여 상당한 노력을 하여야 할 것이다.

국제자유도시는 기본적으로 사람과 물류가 자유로운 개방적인 도시기능을 의미하는 것이다. 국제자유도시가 정상적인 궤도에 진입하기 위한 7대 선도프로젝트가 제안되었고 이들 선도프로젝트 중에서 우선적으로 현재 휴양형 주거단지를 비롯한 서귀포 미항개발 등이 추진되고 있다. 그러나, 이들 프로젝트가 원만히 추진되고 성공을 거두기 위해서는, 다음과 같은 몇 가지 정책적으로 추진되어야 할 사업들이 있다.

첫째, 기존도시에의 기반정비이다.

거주자들의 삶의 질적 향상이 우선 되어야 한다는 것이다. 국제자유도시가 정상적으로 추진된다면 국내외로부터 많은 사람들이 제주도로 유입될 것이다.

통계청의 인구·주택총조사 보고서 자료를 근거로 제주도 인구 유입현황을 살펴보더라도, 평균 5만 명 이상의 인구이동이 이루어져 오고 있는데 제주지역에 한정하여 보면, 평균25,000명 이상의 인구이동이 있고, 특히 군부(郡部)에서의 이동이 많으며 이들 인구의 대부분은 제주시로 유입되고 있다. 이와 같은 인구유입은 단순히 주택부족 문제뿐만 아니라 학교와 문화시설 등의 기반이 되는 도시 공공시설의 부족과 교통문제 등 다양한 문제를 유발시키고 아울러 주거환경을 악화시키는 결과를 초래하고 있다.

소득수준의 향상에 따라 시민들의 삶의 질에 대한 의식은 높아지고 있으나 주거환경 개선은 충분하지 못한 것이 현실이다. 예를 들면 연계성이 떨어지는 시민의 휴식공간인 공원체계, 자동차로부터 안심하고 거닐 수 없는 도로체계, 현대건축물과 문화재의 조화롭지 못한 환경, 그리고 건축과 도시계획 완화정책에 따라 전원도시와 같은 제주 특유의 도시 이미지상실 등을 들 수 있다.

둘째, 지역 간의 균형적인 발전을 들 수 있다.

가장 심각한 현상은 제주시로의 인구집중화 현상을 들 수 있다. 제주 지역내의 인구집중 현상을 살펴보면, 1990년대 들어서 제주도

전체의 인구가 감소하는 현상을 보이면서, 북제주군뿐만 아니라 남제주군에서의 인구감소율이 현저하게 나타나고 있고, 유일하게 제주시만이 증가하고 있는 것이 특징이다.

셋째, 지역주민의 의식변화이다.

주요산업이라고 할 수 있는 감귤시장의 쇠퇴, 그리고 관광객의 감소 등으로 최근 제주사회는 상당한 시련을 겪고 있다. 잘 나가던 감귤산업이 침체에 빠진 것은 경제적인 개념을 바탕에 둔 생산성을 추구하지 못하였기 때문일 것이고, 관광객의 감소는 변화되는 관광객의 요구에 충분히 대응하지 못하였기 때문일 것이다.

흔히들 시련이 곧 기회라고 표현하기도 하지만, 아직 제주가 발전할 수 있는 잠재적 역량은 충분하다고 할 수 있다. 시련의 시기에 살고 있는 우리들이 곰곰이 되새겨 보아야 할 것은 현재에 대한 만족이 아니라 불확실한 미래에 대한 예측과 준비를 어떻게 해야 할 것인가이다.

4. 제주특별자치도의 2단계 제도개선에 대한 기대와 제언

2006년 7월 1일부터 제주도가 제주특별자치도로 승격되었다. 이전의 제주도에 「특별」과 「자치」라는 단어가 추가된 것이다. 이 두 단어에는 상당한 의미를 내포하고 있다고 생각된다. 먼저 「자치」라는 의미는 국방과 외교를 제외한 모든 부분에서 자치권을 행사할 수 있다는 의미로써 지역여건과 현실에 맞는 정책을 수립, 집행함으로써 고품질의 행정서비스를 제공할 수 있다는 의미이다. 그리고 이러한 권한 이양과 행정구조의 개편이 이루어진 지방으로써는 제주가 최초라는 의미에서 「특별」하다고 할 수 있을 것이다.

그러나 제주도를 특별자치도로 선포하였음에도 불구하고 제주특별자치도에 대한 중앙정부의 권양이양은 좀처럼 신속하고 명확하게 이루어지지 않은 채 행정구조만이 선행됨으로써 많은 어려움이 있었던 것이 사실이다. 주변에서는 특별자치도로 변화되었음에도 불구하고 제주가 달라진 것이 없다고 혹평하는 분들이 적지 않은 것도 한편으로 이해할 수 있는 지적이다.

이와 같은 문제가 있기에 2006년부터 특별자치도로서의 기능과 역할을 십분 발휘하기 위해 도 당국 나름대로 워킹 그룹을 구성하여 각 분야에 있어서 중앙정부로부터 이양 받아야 할 권한에 대하여 다양하게 검토가 이루어진 것은 긍정적으로 평가할 수 있을 것이다.

이러한 제도개선에 대한 작업결과물을 정식으로 중앙정부에 제시, 2단계 제도개선안 등에 대한 본격적인 논의가 이루어져 마침내 2007년 3월 14일 제도개선과제 2백 70건이 확정되었다.

비록 제주특별자치도가 출범 후 상당히 심혈을 기울였던 '빅3'(항공자유화, 도전역 면세화, 법인세율 인하) 중 부분적으로 수용되어 일부에서는 절반의 성공이라고 평가하고는 있지만, 2백 70건에

달하는 제도개선을 중앙정부로부터 이양 받게 된 것으로 상당한 의미가 있다고 평가할 수 있다. 여기에는 내국인면세점 이용규제 완화 및 출자총액제한제도 적용 배제 등과 함께 '4+1' 핵심산업에 대한 대폭적 규제완화 사항이 반영되어 있다. 특히 제주지역 특성에 맞는 토지이용체계 및 도시건축환경의 구축, 그리고 청정 자연환경 보전 및 수자원관리를 위한 제도 개선 등의 내용을 담고 있기에 제주특별자치도가 국제자유도시로서 경쟁력을 갖출 수 있는 제도적 기반을 마련했다고 평가할 수 있을 것이다.

특히 오래전부터 중앙정부의 법체계를 중심으로 제주도의 도시와 건축행정이 추진되는 과정에서 지역의 여건과 전혀 맞지 않아 오히려 도시건축의 경관 및 주거환경정비 등 도시건축행정상의 관리, 나아가 개발투자 등에 있어서 적지 않은 문제가 있었던 것이 사실이다. 그러나 이번 제도개선을 통하여 국토의 이용 및 계획에 관한 법에 의한 개발행위 허가, 용도지역·지구내 행위제한, 건폐율·용적률 제한 등 토지이용 및 관리기준과 건축제한 기준, 주택정비사업 관련 기준 및 권한을 중앙정부로부터 대폭 이양 받음으로써 진정한 자치권을 행사할 수 있는 기반을 구축하게 된 것이다.

동시에 제주도의 생명이라고 할 수 있는 청정 자연환경 보전 및 수자원관리에 있어서도 각급 학교의 체험환경교육 실시 등 '환경교육시범도' 지정 추진 및 행·재정적 지원 근거를 마련하고, 관광단지내 폐기물처리시설 설치의무 및 토양오염 대책·우려기준 등 환경관리 권한이 이양되는 것으로 전해져 더욱 제주지역 여건을 반영한 환경관리에 탄력을 받게 될 것으로 보여 이번 2단계 제도개선의 성과는 높이 평가할만하다.

그러나 한편으로 시민단체가 주장하고 있는 제도개선 과제의 중요한 키워드가 '공공성'과 '복지'라는 목소리도 귀담아 들여야 할 부분이다. 그것은 제도개선의 주안점을 단순히 권한 이양과 개발에만 초점을 두지 말고 도민들이 실질적으로 제도개선의 변화를 피부로 느낄 수 있고 혜택을 누릴 수 있는 제도개선이 되어야 한다는 주장이라고 생각된다.

모든 것이 이번의 제도개선만으로 만족할 수 없는 법이다. 2단계 제도개선이 특별자치도와 국제자유도시를 성장하기 위한 초석을 마련하였다는 점만으로도 큰 성과인 것이다.

아울러 도민들도 도정(道政)에 대하여 많은 관심을 가지고 다양한 의견을 제시, 비판함으로써 진정한 「특별자치도」로 거듭날 수 있을 것이다. 「특별자치도」는 행정만이 하는 것이 아니라 도민 스스로가 자치적으로 자신의 권리와 의무를 다하고자 할 때 그 가치가 빛난다는 점을 잊지 말았으면 한다.

5. 제주경관을 이야기하다

최근 경관에 대한 논의가 활발히 이루어지고 있다. 사회적 이슈가 될 만큼 제주의 경관에 적지 않은 문제가 내재하고 있다는 의미이다.

제주의 경관을 문화적이든 비문화적이든 크게 변형시킨 계기는 1960년대 말부터 시작된 서구식 대규모 관광단지 중심의 관광개발 사업, 그리고 2000년대에 들어서면서 7대 선도프로젝트를 중심으로 추진되고 있는 국제자유도시의 추진을 들 수 있다. 이들 정책은 중앙정부의 주도아래 이루어졌다는 공통점이 있을 뿐만 아니라 전통적인 농업사회의 제주산업구조를 새롭게 변화시켰거나 변화시킬 요인들이라는 점도 공통점이다. 시대가 변하고 또한 생활양식이 변하고, 세대(世代)를 이어가는 사람들의 가치관이 변하며, 변해갈 수밖에 없는 것이 도시·건축의 공간 속성이라고 할 수 있다. 제주도와 제주인은 시대적 정치적 상황에 따라 타의적으로 변화되었거나, 혹은 스스로의 생존을 위하여 변화를 추구하면서, 역사성과 장소성이 강한 제주의 건축과 도시(마을)에 현대적 건축과 도시공간의 유입이라는 양면성을 지닌 채 오늘에 이르고 있다. 특히, 도시기본계획 수립에 있어서 중앙정부의 지침 이행에 충실하면서 제주 고유의 경관자원을 형성하기 위한 도시계획이 수립되지 못해왔다는 것이다. 그 결과, 제주고유의 마을 풍경과 경관은 상실되고, 그 자리에는 개발과 경제적 논리에 의해 천박한 상업자본의 건축물이 메워가고 있다.

50여년이 지난 지금 제주의 풍경은 크게 변화되었고 해안과 중산간, 그리고 삶의 공간인 도시의 풍경에 대하여 많은 사람들이 걱정스럽고 부정적인 시각으로 바라보고 있는 것이 현실이다. 땅에 대한 이해와 배려가 부족했기 때문이다. 제주의 땅은 육지부의 그것과 다르다. 바다에서 한라산으로 이루지는 완만한 경사지, 크고 작은 굴곡이 있을 뿐만 아니라 오름들이 자리 잡고 있어서 지형적으로는 어느 한곳 같은 조건이 아닌 것이다. 이러한 땅위에 모질게 불어대는 바람이 대지의 표면을 스치면서 더욱 척박한 환경을 만들었고 이러한 환경 속에의 제주사람들의 생활양식이 스며들어 제주의 초가를 자연스럽게 만들어 내었던 것이다. 또한 규모에 있어서도 자연과 주변 환경에 거슬리지 않도록 작다. 그래서 제주의 초가와 마을의 풍경을 보면 아늑하고 포근함을 느끼게 한다. 이것이 문화이며 삶의 풍경인 것이다. 그래서 경관을 다른 차원에서 문화경관 혹은 문화풍경이라고도 한다.

제주에서 이루어지는 수많은 개발, 그 자체를 부정적으로 바라보기 보다는 개발과정에서의 땅에 대한 배려와 역사적 가치의 수용, 그리고 자연에 대한 인간의 겸손함에 대한 부족이 문제인 것이다. 자연에 대한 인간의 부조화스러운 개발의 결과는 문화풍경의 훼손차원을 넘어 삶의 안전성에도 심각한 훼손으로 이어질 수밖에 없는 상호관련성을 갖고 있다. 2007년 9월 태풍 나리의 피해는 천년에 한번 올 수 있는 호우로만 탓하기에는 많은 문제점을 시사하는 것이며 인간의 오만함에 대한 엄중한 경고이자 우리들 삶에도 얼마나 큰 영향을 줄 수 있는지를 보여주는 좋은 사례라고 할 수 있다.

이와 같은 인간의 오만한 개발태도의 배경에는 도시건축 차원에서의 문제를 지적할 수밖에 없다. 근대도시계획에서 가치를 부여하였던 자동차중심의 도시기능의 병폐를 아무런 비판 없이 우리나라에서는 수용하여 왔고 이 땅 제주에서도 신도시라는 이름으로 혹은 택지개발이라는 이름으로 추진되어왔고, 관광객유치라는 이름아래 해안도로가 건설되어 왔다. 바다와 육지가 단절되고, 자동차가 중심인 도로에서는 인간미 넘치는 따스함도 없거니와 공공디자인에 의한 조화된 삶의 공간과 주변 풍경을 여유 있게 감상할 수 있는 기회마저 빼앗겨 버린 지 이미 오래다. 게다가 건축물도 거리에 대해 관련성을 갖거나 하천과 바다, 오름이나 숲, 한라산과 같은 주요 경관과의 관계성을 갖기 위한 노력이 부족하기만 하다. 무표정하게 세워진 구조물에 지나지 않는다.

경관은 단순히 눈에 보이는 사물의 형태적 결과물로 인식 하기보다는 인간과 자연, 그리고 삶의 조화 속에서 이루어지는 결과물이라고 할 수 있다. 즉, 땅의 지형적 여건과 기후, 생태적인 여건, 그리고 역사적 사실(史實) 등이 구체적으로 어떻게 스며들었는지, 그리고 이들 요소들이 어떻게 작용하여 현재의 풍경을 만들었는지에 대한 깊은 성찰이 필요한 것이다. 다행히 제주경관의 근본적인 문제를 파악하고 새롭게 거듭날 수 있는 환경을 조성하기 위해 2007년부터 제주경관형성을 위한 연구용역이 이루어지고 있다. 경관연구용역의 경관의식조사에서는 다양한 경관의 문제와 가치를 제시하고 있어서 다원적 가치의 경관이 잘 반영되리라 기대한다.

특히 2007년 11월부터 경관법이 시행되고 있는 사회적 배경에 도내외에서의 관심도 집중되고 있다. 관심이 많은 만큼이나 무리한 생각으로 바라보는 시각도 없지는 않다. 연구용역을 통해 표준화된 몇 개의 세부지침으로 제주도의 모든 지역, 모든 건축물의 형태와

규모, 색상, 배치를 디자인 컨트롤할 수 있을 것이라는 생각이 지배적이다. 사실 공간적으로 불가능할 뿐만 아니라 표준화된 몇 개의 세부지침으로 디자인 컨트롤을 한다면 기형적인 제주의 풍경을 만들어낼 수밖에 없을 것이라는 우려감이 앞선다. 왜냐하면 경관은 고정된 것이 아니라 항상 새롭게 만들어지고 변화되어지는 것이다. 그래서 광역적 차원과 지역적 차원의 경관단위로 하여 좀 더 구체적인 경관형성의 철학과 방향, 그리고 원칙제시를 통해 경관을 형성해 가는 방안이 설득력이 있는 것이다.

그러나 아무리 좋은 연구결과를 제시하여도 결국은 수용하고 추진하는 것은 시민과 행정의 몫이라고 할 수 있다. 규제받고 불편하지만 경관의 공공성과 문화적 자산 가치를 수용하려는 적극적인 의미와 노력이 필요할 것이고 나아가 행정조직의 강화와 전문성 확보도 중요하다고 할 수 있다. 담당부서의 권한과 힘을 실어주어야 할 것이고 조직의 정비도 있어야 하는 것이다.

높고 큰 것을 만드는 것이 발전이요 성장이라는 고정관념을 탈피하여 작지만 아름다운 건축물, 불편하지만 가장 최소한의 지형변경을 고민하는 것, 약간 불편하지만 휘어진 구불구불한 도로, 땅위에 자나라는 나무와 풀을 소중히 하는 것, 땅이 가진 속성을 이해하고 그것에 순응하려는 소박하고 겸허한 자세가 필요한 시기이다. 그러기 위해서는 다소 느리지만 신중히 생각하며 개발하는 것, 개인적 가치보다는 공공의 가치와 이익을 우선하는 것, 모든 것을 개발하기 보다는 비워두고 남겨둠으로써 미래에 적절히 대응할 수 있는 여건을 만들어 주는 것, 이러한 노력들이 제주의 문화경관을 한 차원 높이는 것이며 이 시대를 살아가는 우리들이 후세를 위해 하여야 할 일들이다.

6. 제주다운 도시경관 만들기

제주국제자유도시가 추진되면서 「제주다운」이라는 용어를 자주 사용하고 있는데, 제주본래의 모습을 의미하는 것이다. 이런 제주다운 모습의 유지와 관리가 얼마나 중요한 가에 대한 일화를 소개하고 싶다. 수년 전, 아시아·유럽정상회의(ASEM; Asia-Europe Meeting)를 제주도에 유치하기 위하여 많은 분들이 노력하였지만 결국 서울로 결정되고 말았다. 실패의 배경에는 사회기반시설의 미비, 교통편 등 여러 가지 원인들이 열거되었는데, 결정과정의 회의장에서 검토위원회의 유력인사 한 분이 '제주에는 제주다운 건축물과 도시

의 모습을 찾아볼 수 없어 육지의 어느 도시와 같아 실망스러웠다'는 말을 하였다고 한다. 이 말은 제주가 육지의 다른 도시와 달리 차별성이 없어 경쟁력이 없다는 의미로 해석할 수 있을 것이다.

이와 같은 맥락에서 볼 때, 현재 추진되고 있는 제주국제자유도시가 성공할 수 있는 첫 단계로써 제주다운 도시경관을 잘 형성해 가는 것도 중요하다고 할 수 있을 것이다. 최근 제주도가 「제주 도시경관조례」 제정을 추진 중인 것은 제주다운 모습을 찾아보겠다는 측면에서 볼 때 때늦은 감은 있으나 바람직한 현상이라고 할 수 있을 것이다. 이제까지 적극적으로 추진하지 못했던 제주다운 모습을 행적적인 차원에서나마 유지하고 관리하겠다는 의지의 표현으로 받아들일 수 있을 것이다.

그러나, 오랫동안 검토하며 추진 중인 「제주 도시경관조례」가 정상궤도에 오르기 위해 몇 가지 재검토되어야 할 점도 있을 것 같다.

첫째, 행정규제의 중복성 문제이다.

도시경관조례 제정과 아울러 먼저 건축법과 국토의 이용 및 계획

에 관한 법률, 제주특별자치도 설치 및 국제자유도시조정을 위한 특별법 등 기존법규의 범위 내에서 제주다운 도시경관을 형성하기 위한 기본적인 추진체제와 환경조성이 선행되어야 할 것이다. 기존 관련법을 통해 도시경관형성의 기반을 만들면서 도시경관조례를 통해 이를 보완하는 방안을 모색하여야 할 것이다.

둘째, 일관성있는 행정집행이다.

과거 도와 시 차원에서 검토되고 제시되었던 건축미관 및 도시경관형성관련 지침이 없지 않았으나, 단체장이 바뀌고 책임자가 바뀌면서 보다 적극적으로 추진되지 못하였다.

도시경관조례의 제정과 함께 먼저 이들 지침자료의 검토와 정리 작업을 통하여 일관성있는 행정추진 방향을 수립하여야 할 것이다.

그것은 단순히 규제를 전제로 한 지침으로써의 기준(Design guide line)이 아니라, 여건에 따라 적용되고 수용될 수 있는 그러나 어떻게 계획되고 설계되어야 하는지를 제시하는 원칙(Design code) 제시가 바람직할 것이다. 이를 근거로 행정당국은 일관성있는 목표와 행정 추진을 한다면, 모든 사람들이 쉽게 납득하고 호응할 수 있을 것이다.

넷째, 문화를 바탕으로 하는 객관적인 도시경관형성기준의 수립이다.

도시경관은 우리들이 항상 접하게 되는 주변 환경과 같은 보이는 풍경이나 도시의 모습인 물리적 환경으로서의 경관뿐만 아니라 그 지역의 문화와 역사가 담겨져 있어야 하는 것이다.

따라서, 제주다운 도시경관을 형성하기 위해서는 제주를 특징짓는 요소인 한라산과 바다, 건천, 녹지 공간, 문화재 등 제주다움을 물씬 느끼게 하는 요소들을 도시건축작업(행정적, 그리고 설계작업에 있어서)에 반영될 수 있는 도시경관형성원칙(Design code)이 필요할 것이다.

셋째, 사업시행에 따른 도시경관영향분석에 대한 원인자 부담문제이다.

도시라는 스케일의 경관이 강조되는 것은 어느 특정인의 소유물이 될 수 없는 것이며 그 도시에 거주하는 사람들이 시민으로서 쾌적한 환경에서 거주하여야 하는 거주권과 직접적으로 연관되기 때문인 것이다. 따라서, 도시경관을 형성하는 것은 행정기관이 하여야 할 행정업무이기 때문에 사업시행에서의 도시경관영향을 원인자부담으로 하기에는 다소 설득력이 없을 것 같다. 향후, 도시경관영향 분석에 대한 주체와 부담, 그리고 심의의 객관성 확보 등에 대한 진지한 검토가 필요할 것이다.

다섯째, 경관에 대한 시민들의 의식문제이다.

이미 오래전부터 행정차원에서 경관문제를 의욕적으로 추진하고 있지만, 행정적인 차원만으로는 한계가 있다. 시민 혹은 사업주 자신이 행정기관이 새로운 조례를 만들어 규제하고 있다는 의식에서 탈피하여 자신이 거주하고 있는 도시의 문화수준이 한 차원 높아지고 또한, 삶의 질을 더욱 향상시키기 위한 최소한의 수단이라는 의식전환이 필요할 것이다.

제주의 도시문제를 국제자유도시의 연장선상에서 이해하고 문제를 풀어가기 보다는, 있는 그대로의 생활공간으로써 도시경관문제를 어떻게 개선 발전시켜 나갈 것인가라는 소박한 문제의식에서 접근하여야 할 것이다. 추진중인 「제주 도시경관조례」가 살고 싶고 거닐고 싶은 도시를 만들어가는 방향타가 되기를 기대해 본다.

7. 도시경관과 뉴타운개발 단상(斷想)

제주다운 경관도시로 만드는 계획이 논의되고 있다. 그동안 제주도 경관계획은 각 시군 별로 산발적으로만 논의되어 왔던 것이 사실이다. 때늦은 감이 들지만 행정구조가 개편된 제주특별자치도의 차원에서 제주도라는 하나의 틀로 놓고 경관계획을 모색해 보는 일은 반갑고 기대되는 일이 아닐 수 없다.

지금까지 추진되어 왔던 제주 도시경관계획에 있어서의 문제점은 제도적 미비, 행정기관의 조직 미비와 전문성 결여, 시민들의 문화적 의식 결여, 그리고 도시 및 건축분야 종사자의 책임의식 결여를 들 수 있다. 특히 행정 주도의 제도 도입과 경관 형성에 대한 뚜렷한 목표의식의 부족, 그리고 도, 시군이 도시경관수립을 개별적 수행함으로써 정책수립과 집행의 연속성 부족도 문제점이었다고 할 수 있다. 흔히 경관계획이라면 그동안 단순히 환경개선, 자연경관 보존과 같은 단편적인 처방에 머문 감이 있는 것이 사실이다.

따라서 제주다운 경관이라고 할 때 가장 중요한 조건은 형태적인 것이 아니라 공간적인 것에서 제주의 모습을 찾는 노력이 필요하리라 생각된다. 예를 들면 제주 전통마을에서 찾을 수 있는 길의 체계라든지, 주택의 군집관계라든지, 주택내부의 마당과 안뒤 공간이라든지 제주의 생활공간과 제주사람들의 공간의식이 담긴 요소들을 찾아내고 도시적 혹은 건축적 공간과 형태로 재해석하여 적용시켜 나갈 때 제주다운 경관이 형성되는 것이다. 아울러 택지개발을 할 때 적용해 보거나 시범 지구를 설정하여 적용하고 문제점을 도출하여 새로운 방향을 설정하는 일련의 과정도 필요하리라 생각된다.

이와 관련하여 현재 노후화와 공동화로 인해 도시환경의 개선이 요구되고 있는 묵은성(옛날 성을 쌓았던 곳이라는 데서 유래), 칠성통, 산지천 일대를 중심으로 추진되는 뉴타운(새로운 타운을 조성한다는 측면에서 뉴타운 용어가 적절한지 검토할 문제이지만 개인적으로는 올드타운이라고 부르고 싶다.)개발이 지역사회에 큰 관심을 불러일으키고 있다. 제주도 최초의 뉴타운개발방식이라는 점도 있으나 이 지역이 지닌 제주사회에서의 사회적 경제적, 그리고 역사적 의미가 그만큼 큰 장소이기 때문일 것이다.

그러나 다분히 경제적 관점에 초점을 두고 있는 현재의 뉴타운 개발에 있어서 우리가 간과하고 있는 점이 없는지 좀 더 신중한 논의의 과정이 필요하리라 생각된다. 45m에서 100m로 고도규제의 완화로 인한 한라산과 바다의 조망과 주변의 조화로운 풍경이 훼손되는 도심경관의 문제는 없는지, 그리고 이 지역이 묵은성이라는 지명에서 알 수 있듯이 오래전에 성(城)이 존재하였던 제주의 가장 오래된 취락이 형성되었던 곳이기도 하고 제주목관아, 그리고 제주 최조의 초등학교인 북초등학교 등이 자리하고 있는 곳으로 역사적 의미가 있을 뿐만 아니라 근현대사의 역사적 의미를 고스란히 지닌 크고 작은 건축물들이 남아있기도 하다. 그리고, 과거 일제 침탈시대에 만들어진 신작로를 따라 형성된 상업지와 칠성로, 동문시장이 아직 존재하는 상업 1번지인 이곳의 역사와 문화적 자원에 대한 배려가 결여되지나 않았는지 논의가 필요할 것이다.

물론 뉴타운 개발은 주거기능을 중심으로 상업기능이 혼재된 이른바 복합개발이 필요하지만 역사와 문화의 자원을 적극 활용하는 지혜도 필요함을 강조하고 싶다. 동시에 제주의 도시경관형성과 더불어 제주적인 도시공간과 건축적 양식을 개발하고 정착 시킬 수 있는 절호의 기회로 삼아야 할 것이다. 그리고 제주의 역사와 문화가 어우러진 경관계획이 소기의 성과를 얻기 위한 전제조건은 제대로 된 전문가가 참여할 수 있는 조직과 역할분담이 중요하다고 할 수 있다. 조직에는 행정과 전문가, 그리고 실제로 도시공간을 사용하게 될 주민들이 포함되어야 할 것이다. 가장 중요한 것은 전문가의 아이디어와 실천적 방안들이 존중되어야 할 것이고 이점이 가장 중요하다고 할 수 있다.

경관은 문화라고도 할 수 있다. 서울시장이 문화시장으로 거듭나겠다고 선언한 것은 시민의 삶의 질적 문제, 도시의 정체성, 지속가능한 도시의 체계구축 등등 모든 문제를 포함하는 함축적인 의미를 가진다고 생각된다. 역사와 문화라는 키워드를 중심으로 개발되는 뉴타운 형성지역이 제주스러움이 느껴지는 거리와 건축, 도시공간의 문화적 자원들로 만들어진다면 제주국제자유도시의 상징적인 경관도 자연스럽게 만들어지리라 기대해 본다.

8. 문화공간과 상업자본주의

소득 수준이 향상되면 먹고 사는 기본적인 인간의 욕구를 벗어나 문화적인 욕구와 기대가 자연스럽게 표출되기 마련이다. 이제 우리 사회도 각종 연극, 영화, 콘서트, 생활강좌 등등 일상생활 속의 문화뿐만 아니라 삶의 질적 향상을 위한 다양한 문화적 욕구가 분출되는 시기에 접어들었다고 생각된다. 이러한 사회적 시대적 변화의 흐름 속 에서 제주의 사회적 여건도 한층 문화적 욕구가 커져 몇 년 전부터 다양한 문화시설의 건립이 논의되어 오고 있다. 대표적으로 제주도립 미술관 건립사업과 제주종합문화센터 건립사업, 그리고 해양박물관 건립사업 등을 들 수 있다.

이들 시설들은 반드시 필요하고 또한 제주의 역사와 문화적 활동을 크게 향상시킬 주요한 문화적 인프라가 될 것으로 기대된다. 물론 이들 사업이 각각 2백억, 1백 50억 원, 1천억 원의 소요예산이 투입되어야 하는 작지 않은 사업이어서 재정자립도가 낮은 제주의 행정당국으로서는 추진과정에 있어서 크고 작은 어려움이 한두 가지가 아닐 것이다.

그런데 제주도는 제주도립미술관 건립사업과 제주여성플라자 등을 소위 BTL(Build Transfer Lease) 사업으로 추진하고 있다. BTL 방식이란 민간자본으로 공동시설을 짓고 정부가 이를 임대해 임대료 등을 통해 시설 투자비를 보전해 주는 방식으로 한마디로 BTL사업은 민간자본유치사업을 의미하는 것이다.

BTL방식은 산업자본을 활용함으로써 정부의 예산을 효율적으로 활용하고자 하기 위한 것이 주요 목적이지만, 산업자본의 축적이 충분히 이루어지고 자본의 질적 수준이 높고 또한 시민의 문화적 인식이 높은 선진국에서나 가능한 사업이다.

그러나 우리나라에서는 단순히 경기부양책의 일환으로 추진되고 있는 측면이 강한데다 아직 산업자본의 축적이 성숙하지도 않아 많은 문제를 안고 있다. 지금 일각에서는 BTL사업에 대한 전면재검토가 추진되고 있다고 한다. 종합투자계획과 지방중소업체 보호제도가 상충되고, 사업진척이 늦어지는 등 추진과정에서 문제점이 노출되고 있기 때문이다. 가장 큰 문제는 국가와 지방자치단체가 육성하여야 할 문화의 인프라구축, 문화시설사업에 민간자본을 이용하여 추진한다는 점이다. 문화라는 분야는 기본적으로 상업성을 바탕으로 하기보다는 비영리성을 바탕으로 하기 때문에 자연히 국가와 지방자치단체의 역할이 중요할 수밖에 없기 때문이다.

따라서 BTL사업에 의한 문화시설의 확충사업은 상업자본의 특성상 더 이상 문화적 기능을 충실히 할 수 없을 것은 당연할 것이다. 검토되고 있는 해양과학관, 하수관거사업 등의 BTL사업도 재검토되어야 할 것 같다. 제주 산업자본의 축적이 성숙하지도 못할 뿐만 아니라 사업의 대부분이 비영리성을 추구하는 문화시설이기 때문에 더욱 그러하다. 불확실하고 성숙하지 못한 민간자본 유치를 통한 문화 인프라를 구축하기 보다는 오히려 기존의 문화시설을 적극 활용하는 방안의 검토를 제안하고 싶다. 대표적인 사례가 제주민속관광타운이다. 건축계의 반대에도 불구하고 건립된 신산공원 내의 제주민속관광타운은 당초의 목적과는 달리 관광시설로서 활용되더니 지금은 영상위원회로서의 기능만을 겨우 유지하고 있는 실정이다.

수백억을 투입하여 불확실한 제주도립미술관 건립사업을 구축하기 보다는 수십억 원의 적은 비용을 들여 제주민속관광타운을 개조 활용하여 신산공원을 문화 벨트화할 수도 있었을 것이다.

제주종합문화센터의 경우도 삼다(三多)의 제주정신을 대표하는 제주여성의 애달픈 삶과 강인한 정신을 이어갈 제주 여성프라자로 추진되다가 사업비 확보를 이유로 명칭을 변경할 수밖에 없었던 사연이 있기도 하거니와 시설물을 크고 넓게 신축하기 보다는 장래의 증개축 등을 통해 기존시설의 적극적인 활용도 가능하였을 것이다.

문제는 문화적 인프라 구축에 있어서 시설 수만 늘리는 것이 중요한 것이 아니라 장기적이고 체계적인 계획수립을 통해 지역 전체를 문화 공간화하고 또한 작은 시설물이라도 멋진 문화시설을 건립하겠다는 문화예술정책당국의 의지와 실천일 것이다.

9. 생태 도시의 조건

산업혁명 이후 세계 각국은 급속한 산업화의 길을 걸었고 이는 유한한 자원을 짧은 기간에 막대하게 소비함으로써 환경 자체를 파괴하는 결과를 가져 왔다. 이와 같은 전 세계적인 문제를 "지구환경문제"라고 부르고 있다. 최근에는 지구환경문제를 근본적으로 해결하기 위하여 환경보호와 자원절약 기술개발에 박차를 가하고 있으며 건축분야에서도 "환경친화적인 건축과 도시 개발"의 필연성이 대두되고 있다.

제주의 이미지 중의 하나가 청정 자연의 이미지, 푸르고 맑은 자연환경이다. 그러나 그것은 어디까지나 도시를 벗어난 지역을 의미

하는 것일 뿐 우리들이 살아가는 도시만은 예외인 것 같다. 하늘아래에서 내려다 본 제주도의 모습은 건축물만이 빼곡히 들어서서 숨막힐 듯한 공간의 모습이다. 그곳에 녹지공간이 들어설 틈조차 없을 지경이다. 그래서 더더욱 제주도의 생태도시 추진은 설득력을 얻게 되는 것이다.

생태라는 사전적 의미는 "생물이 환경에 따라 살아가는 모양"이라는 뜻이며 생태 건축과 도시라는 용어를 굳이 해석한다면, 생물이 살아 숨 쉬는 건축 도시공간을 의미하는 것이다.

따라서, 우리들이 생활하는 환경에 가능한 한 부담을 덜 주기 위한 건축과 도시 개발수법이 중요할 수밖에 없는 것이다. 건축에서의 생태 공간 확보에는 기본적으로는 단위건축물에서 녹지공간을 확보하기 위한 건물 녹화수법, 재생 활용 가능한 마감 재료를 사용하여 건축물의 폐기물을 줄이고 오랫동안 사용 가능하도록 융통성 있는 평면계획에 의한 건물수명의 장기화수법을 들 수 있다. 제주도가 오래전부터 환경미화 차원에서 추진하고 있는 옥상녹화는 더욱 지속적으로 추진하여야 할 것이고 공동주택의 경우 측면녹화와 아울러 발코니 조경 등 다양한 건축물 녹화를 적극 추진하여 도시숲속의 주거환경으로 탈바꿈될 수 있도록 하여야 할 것이다.

또한, 도시 측면에서의 생태공간 확보를 위해 서둘러야 할 것은 지형적인 조건에 맞는 도로의 개설, 그리고 공원 확보와 하천 기능의 유지, 그리고 빗물의 활용을 들 수 있다.

특히, 생태도시가 성공하기 위해서는 도시계획수립시의 생태학적 접근을 들 수 있다. 도로의 기능성만을 강조하는 바둑판 모양의 도로대신 지역적인 조건과 경관, 주변의 생태학적인 조건 등을 고려하여 신중하게 도로를 개설하여야 할 것이다. 점(点)적인 형태의 공원이 지역 곳곳에 산재해 있을 때 삶의 공간은 여유롭고 풍부해질 수밖에 없을 것이다. 이와 같은 점적인 형태의 공원의 조성과 아울러 주

요 간선도로를 중심으로 녹지축을 형성하면서 하천 변에도 녹지 공간을 조성하여 동서남북으로 녹지공간이 연결됨으로써 도시 전체가 녹지공간으로 둘러싸이게 하여야 할 것이다. 그리고 일정량의 빗물을 저장하여 녹지공간의 유지 관리에 사용하거나 건천(乾川)에 물이 흐르게 함으로써 살아있는 자연하천으로 유도하는 것도 효과적인 방법일 것이다.

마지막으로 제주시의 생태도시가 성공하기 위해 앞서 설명한 기술적인 문제와 아울러 몇 가지 보완하여야 할 점을 지적하고 싶다.

첫째, 생태도시에 대한 지침서의 작성과 보급, 그리고 주민의 홍보를 강화하여야 할 것이다.

생태건축을 강조하면서도 설계자와 주민들에게는 아직 생소하고 구체적으로 무엇을 어떻게 하여야 할지 모르는 분들이 많아 건축물을 설계할 때 적용될 수 있는 지침서의 제작과 보급이 필요하라고 할 수 있다.

아울러, 생태도시가 추진됨으로써 얼마나 좋은가, 그리고 주민들 자신에게 얼마나 큰 혜택을 누릴 수 있는가에 대한 이해와 협조가 필요할 것이다. 그런데 추진 행정부서에서 정작 걱정하는 것은 주민들의 자세이다. 환경친화적인 건축계획이 되도록 건축심의시에 요구를 하여도 또 하나의 새로운 규제로만 받아들일 경우 그 효과는 얻기는 어려울 것이다. 삶의 공간을 풍요롭게 하는 것은 주택내부보다는 외부이다. 그 외부공간의 형태, 이웃한 건축물과의 관계, 그리고 도로 등과 어우러져 지역적 경관을 형성하는 것이고 크게는 제주도라는 도시의 경관을 형성하는 것이다.

둘째, 건축을 중심으로 이루어진 행정기관의 조직성과 전문성이다.

현재 행정체계상, 녹화관련사업은 녹지과에서 추진 관리하고 있고, 도로개설이나 지구의 고도설정 등은 건설자와 도시계획과에서 추진하고 있고, 또한 개별건축물에 대해서는 건축지적과 등 관련부서에서 추진하고 있다. 물론 분야별로 업무를 분담하여 추진하는 것은 행정조직상 당연한 것일 것이다. 그러나, 이들 부서별 추진사업은 생태도시조성이라는 목표 아래 동일한 도시공간에서 이루어지고 있기 때문에 녹화사업이든 도로 및 고도지구설정이든 모든 것이 관련성을 가질 수밖에 없는 것이다. 도시는 기본적으로 건축과 도로라는 2개의 요소로 형성된다. 물론 가장 중요한 요소는 건축일 수밖에 없을 것이다. 그래서 도시의 경관이니 미관문제가 거론되었을 때마다 건축의 규모와 형태에 대한 중요성이 제기되는 것도 그 때문인 것이다. 따라서, 생태도시라는 의욕적인 프로젝트가 성공하기 위해서는 도시계획과와 녹지과, 건설과 그리고 건축지적과 등 관련 부서와의 긴밀한 협력조직이 필요하며 나아가 조직체계에 있어서도 건축직이 깊이 관여함으로써 사업의 체계성과 전문성이 확보될 수 있어야 할 것이다.

추진 행정기관의 의욕과 전문성이 갖추어졌을 때 제주도의 생태도시의 추진은 정상궤도에 오를 것이고 그 혜택은 시민들이 나누어 가질 것이다. 푸르름이 넘치는 아름답고 쾌적한 제주도의 모습을 꿈꾸어 본다.

10. 제주도시, 꾸리찌바를 꿈꾸다

수년 전 한 달을 넘게 이어졌던 버스의 파업사태를 생각하면 떠오르는 도시가 있다. 브라질의 지방도시 꾸리찌바이다. 「타임」紙는 꾸리찌바를 '지구에서 환경적으로 가장 올바르게 사는 도시'로 선정했고, 로마클럽은 1995년 세계 12개 모범도시 중 하나로 선정하여 유엔 인간정주회의의 도시발전 대표사례로 주목받았던 브라질의 지방도시 꾸리찌바를 통해 우리는 무엇을 하여야 할 것인가 관심을 가질 필요가 있으리라 생각한다.

2005년 6월 말 세계노년학회에 참석하기 위해 브라질을 방문하는 좋은 기회를 갖게 되어 무리한 여행일정임에도 불구하고 꿈의 도시로 불리우는 꾸리찌바를 방문한 적이 있다. 국내에서는 "꿈의 도시 꾸리찌바"라는 제목으로 서적이 출판되어 널리 알려진 브라질의 지방도시이다. 꾸리찌바의 첫 인상은 유럽풍의 아름답고 깨끗한 보행자 천국의 거리, 혁신적인 교통망의 구축, 녹색혁명의 실현 등등 많은 이야기를 담고 있는 도시였다. 책으로 읽고 상상했던 도시였기에 실제 현지방문을 통해 체험하였던 꾸리찌바가 더욱 인상적이었고 가까이 느껴졌을는지 모르겠다. 그래도 꾸리찌바는 브라질의 다른 도시와는 다르다는 그 느낌만은 틀림없는 사실인 것 같다.

우리의 삶의 터전인 제주를 이런 아름답고 살기 좋은 꾸리찌바와 같은 도시로 어떻게 만들 수 있을까? 도지사, 시장과 같은 행정책임자뿐만 아니라 도시건축분야에 종사하는 학계의 전문가, 그리고 일반 시민들 모두 관심을 가지는 과제이다. 물론 이에 대한 연구도 많이 하여 왔고 지금 진행 중이기도 하지만 필자는 브라질의 작은 도시 꾸리찌바에서 그 해답을 찾을 수 있으리라 생각한다. 어떻게 꾸리찌바는 세계인들이 부러워하는 도시로 변모할 수 있었는지? 무엇이 꾸리찌바를 그렇게 만들었는지? 국제자유도시, 생태도시, 건강도시, 안전도시를 지향하는 제주로서는 생태혁명·도시혁명으로 불리는 꾸리찌바의 지속가능한 개발과 복지, 환경모델을 벤치마킹할 필요가 있을 것이다.

아마 꾸리지바에 대해 소상히 알고 있는 사람은 그리 많지 않을 것이다. 꾸리찌바는 브라질 남부 빠라나주의 주도, 인구 230만 명이다. 꿈의 도시로 불리우는 꾸리찌바의 도시 혁명은 1971년 시장으로 취임한 자이메 레르네르 씨에 의해 주도적으로 추진되었다. 그는 1992년까지 세 차례에 걸쳐 무려 25년간 시장을 지내면서 도시혁명에 대한 신념과 철학을 갖고 다양하고 창조적인 실험으로 꾸리찌바 가꾸기를 이끌었다. 급격한 도시화와 산업 개발로 인해 상당히 훼손되었던 도시 공간을 지금은 인간과 자연, 인간과 인간이 조화와 공존을 이루며 누구나 살고 싶어하는 곳으로 변모하게 되었다. 버스 중심의 싸고 편리한 교통 체계, 보행자 천국, 충분한 녹지공간의 확보, 도시공간의 효율적인 사용, 쓰레기 처리와 재활용, 어린이와 가난한 이를 위한 복지, 문화유산의 보전, 주택 보급과 고용 등에서 꾸리찌바는 다른 도시들이 지혜의 보물창고로 삼을 만한 모델이라고 해도 과언이 아닐 것이다.

세계가 부러운 시선으로 바라보고 많은 도시들이 벤치마킹을 위해 방문하는 도시, 꾸리찌바의 성공 비결은 무엇일까? 이에 대해 "꿈의 도시 꾸리찌바"의 저자는 확고한 도시 개발의 원칙 즉, 첫째 도시는 사람에 편하게 만들어져야 한다는 원칙, 둘째 아무리 좋은 제도라도 돈이 모자라거나 여건이 맞지 않는다면 과감히 포기한다는 원칙, 셋째 해답은 쉽고 작은 아이디어에 있다는 발상의 전환, 이런 원칙들 덕분에 꾸리찌바는 꿈의 도시가 될 수 있었다고 설명한다.

그러나 이러한 원칙 못지않게 가장 중요한 것은 행위의 주체인 사람들의 마인드일 것이다. 공무원은 시민들이 무엇을 요구하고 있고 무엇을 해야 하는지에 대해 귀 기울이려는 자세와 노력, 그리고 시민들은 정책에 대해 반대하고 자신들만의 주장을 고집하기 보다는 도시를 사랑하는 참여정신이 발휘되어야 하는 것이다. 그리고 공무원과 시민을 아우르는 행정책임자의 창의적이고 진취적인 행정력 또한 빼놓을 수 없는 중요한 사항이기도 하다.

행정기관을 중심으로 제시되고 있는 국제자유도시, 건강도시, 녹색도시, 세계인의 도시 등의 정책 모토(Moto)가 유행되고 있지만, 이에 대한 정책적 범위와 실천 계획을 명확하게 설정하지 못한 채 성급히 도시의 비전만을 제시하고 있는 것이 아닌지 한번쯤 뒤돌아보고 점검해야 할 때이다.

그러나 그 해답은 멀리서 찾을 필요는 없을 것 같다. 브라질의 지방 도시, 꾸리찌바의 도시혁명이 제주가 꿈꾸는 인간중심의 미래지향적이고 지속 가능한 도시발전의 원칙과 방향을 제시하고 있기 때문이다.

II. 방치할 수 없는 제주시 인구집중화

1960년대부터 시작된 제주의 관광개발계획이 추진된 이래 제주도는 경제적 발전과 아울러 지역사회의 산업화와 도시화 과정을 거쳐 왔다.

그러나, 이러한 산업화와 도시화 과정 속에서 지역사회에 긍정적인 측면뿐만 아니라, 부정적인 측면이 나타나기 시작하고 있는 것이 현실이다. 최근 사회문제화 되고 있는 지역 간의 갈등 요인 중의 하나로 제주시 인주집중화 현상을 들 수 있다. 제주의 인구는 육지에서의 지속적인 인구 유입뿐만 아니라, 제주도내에서의 지역 간 인구이동이 과거 40년 동안 지속적으로 진행되면서 지역의 균형적인 발전에 부정적인 영향을 주고 있다.

제주도 인구이동은, 전국적으로 볼 때, 매년 평균 5만여 명 정도가 제주도로 이동하고 있고 제주 지역내에서의 인구이동은 매년 평균 2만5천명 이상의 인구이동이 있는데 이들 인구의 대부분은 제주시로 유입되고 있는 것으로 파악되고 있다. 이와 같은 제주도내에서의 인구이동은 대개 전출지와 전입지의 경제적·사회적·문화적·자연적 조건에 차이가 있을 때 이루어진다. 자신이 직면하고 있는 여러 제약 조건에서 보다 나은 생활을 영위하기 위하여 소득, 취업 기회, 자녀 교육, 문화, 의료 혜택 등이 유리한 도시로의 이동은 자연스러운 현상으로 인식할 수 있을 것이다.

그러나 농촌에서 도시로의 인구 이동은 도시와 농촌 양쪽에 많은 영향을 초래하게 된다. 도시에서는 급속한 인구 유입으로 인구 과밀화 현상을 초래하여 극심한 교통난, 주택 사정의 악화, 상하수도 시설의 부족, 공해 등의 환경문제와 빈부 격차의 심화, 각종 범죄 등의 증가로 인한 사회문제 등을 야기 시키며, 농촌 지역에서는 경제 활동력이 왕성한 젊은 층이 도시로 이동하면서 농촌 인구의 고령화와 농촌 노동력의 질적 저하를 초래하게 된다.

제주시의 인구집중화 현상을 유발시키는 몇 가지 원인으로 도로의 개설과 확장, 택지개발, 그리고 편중된 교육 및 문화, 의료시설의 인프라를 지적하고 싶다.

특히, 서부산업도로를 비롯한 무분별한 도로의 개설과 확장으로 인해 제주도 전역이 거의 1시간거리로 좁혀져 굳이 서귀포시나 다른 지역에서 거주하기 보다는 교육 및 문화시설이 집중된 제주시에 거주하면서 출퇴근하거나 자녀를 교육시키는 것이 유리한 환경이 되었다.

또 다른 인구이동의 유발 원인은 제주시의 택지개발이다. 장기적인 측면보다는 유입되는 인구만을 고려하여 한정된 도시공간 속에 지속적으로 택지를 개발하다보니 자연환경과 도시경관의 훼손 문제를 야기 시킬 수밖에 없고 택지 개발로 인하여 제주시 이외의 지역으로부터 또 다른 인구가 유입되는 악순환이 반복되고 있는 것이다. 그리고, 제주시로 인구가 유입되다 보니 자연히 교육 및 문화, 의료시설이 편중될 수밖에 없겠지만 이런 시설들이 다시 인구를 유입하는 자극제가 되고 있어 이들 도로개설과 확장 문제, 택지개발, 그리고 교육 및 문화, 의료시설계획을 계획할 때 어느 한 시점이나 특정 지역만을 고려하기보다는 제주도라는 커다란 공간을 시야에 넣고 거시적 안목에서 지역시설계획을 세워야 할 것이다.

한 사회가 바람직한 발전을 하기 위해서는 계층 간, 부문 간 그리고 지역 간 균형 있는 발전을 하여야만 할 것이다. 농촌과 도시 사이의 인구 이동은 지역 간 불균등 발전과 밀접히 관련이 되어있어, 제주시의 인구집중화 현상에 대하여 도와 시의 지방자치단체 간의 체계적인 협력을 바탕으로 서로 이득을 얻을 수 있는 다각적인 정책적 제시가 요구될 때이다.

12. 지역발전과 우주발사기지센터의 교훈

인구가 급속하게 감소하다보니 제주시와 서귀포시의 읍면지역서는 상주 인구의 유치를 위해 택지개발을 하거나 농촌 이주자에게 경제·행정적으로 지원하려는 움직임이 있다. 그러나, 무작정 도로개설을 중단하고 택지를 개발한다고 인구가 증가하는 것은 아닐 것이다. 조사에 의하면 주민들이 요구하는 생활편의시설이나 복지지설은 어린이 집 운영보조, 목욕탕과 같은 복지시설과 의료서비스의 확충을 요구하고 있는 것으로 나타났다. 따라서, 가장 근본적인 해결은 더 이상의 상주인구가 제주시 등으로 빠져 나가지 않도록 주민들에 대한 생활편익과 복지증진을 위한 정책적 추진해야 한다는 것이다. 아울러 외부의 인구를 유인하는 정책수단이 동원되어야 할 것이다. 예를 들면 관광단지의 유치, 기술산업단지, 관광단지, 기업의 지사 혹은 본사의 유치 등을 통해 기업체의 근무자와 가족이 상주하게 하고 일자리를 새롭게 창출해 가는 것이 수반되어야 한다는 것이다.

그러나 현재의 재정 능력만으로는 이러한 사업을 하기에는 한계가 있을 것이다. 이러한 점을 고려한다면 필자의 생각으로는 현재 제주도가 추진하고 있는 국제자유도시의 각종 프로젝트와 지역개발을 연계시키는 세련된 정책추진이 중요하다고 할 수 있다. 그러나 뒤돌아보면, 과거의 행정단위에서의 지역정책은 지역정책으로 머물렀고, 제주도의 정책은 제주도 차원의 정책으로만 추진되어 온 것이 많다. 그러다 보니 정책의 파급효과가 커질 수 없는 것이다.

이와 관련하여 수년 전 좋은 교훈을 얻은 사건이 있었다. 대정읍을 예정지로 하여 추진되었던 우주기지센터의 건립이다. 우주기지센터는 살상용 미사일을 발사하는 군사기지와는 다른 것이다. 미국의 케네디 우주센터가 좋은 관광지로 평가받듯이 대정의 우주기지센터도 또 하나의 제주관광명물이 되었을 것이다. 더욱 중요한 것은 단순한 관광자원 차원을 떠나 우주기지센터의 건립을 통해 중앙 정부가 수천억을 투자함으로써 지역경제의 긍정적인 효과를 얻을 수 있다는 점이다. 특히 우주기지센터와 관련된 협력기관과 업체도 자연히 제주에 사무실 등을 둘 수밖에 없어 파급효과는 상당할 것이다.

또한, 우주기지센터에 근무할 박사급 고급 두뇌와 그 가족들이 제주에 상주한다는 점이다. 지방자치단체가 인구감소를 고민하고 있는 판에 많은 인구가 유입됨으로써 지역 활성화에 긍정적으로 작용할 것으로 기대되었다.

그러나, 그 당시 지역주민뿐만 아니라 제주도 전체가 평화의 섬에 웬 미사일기지를 건립하느냐며 반대의 여론이 비등하였다. 우주기지센터의 건립이 안겨줄 장단점을 냉정하고 합리적으로 평가하기 보다는 단순한 명분에 사업을 유치하지 못한 것은 참으로 아쉽기만 하다. 해당 지역의 주민들은 반대할 수밖에 없다고 하더라도 제주도의 발전전략이라는 거시적 안목에서 행정당국은 지역주민들을 이해사키고 설득시키려는 적극적인 노력과 구체적인 비전 제시는 없었던 것 같다.

이제는 명분보다는 실리를 추구하여야 할 시기이다. 그리고 어떻게 공존·공생(共存·共生)하며 살아갈 수 있을까 함께 고민하며 제한된 공간에서의 지역 간 균형 잡힌 발전을 꾀하기 위한 실천적 노력이 필요하다. 특히 농촌인구 증가를 위한 정책을 다양하게 전개할 필요가 있다. 균형 잡힌 지역개발을 촉진시키기 위해 지방 자치단체간의 협력체계의 구축과 정책적인 배려, 즉 단순한 택지개발 이외에 문화적 인프라의 구축, 세제혜택뿐만 아니라 현재 추진되고 있는 국제자유도시의 각종 프로젝트와 적극적으로 연계시키는 등 복합적인 대응전략의 수립과 추진이 필요하다.

마지막으로 이러한 비전과 전략적 목표수립을 근거로 하여 필요한 사업유치라고 판단되면 보다 적극적이고 합리적인 자세로 반대하는 지역주민을 설득하고 여론을 선도해 가는 것이 무엇보다 중요함을 강조하고 싶다.

13. 도시 발전을 위한 전략과 목표는 있는가?

2006년 7월 1일부터 제주특별자치도 체제가 출범하게 되었다. 우리나라에서는 처음으로 도입된 특별자치도이다. 한마디로 제주특별자치도는 이전부터 지속적으로 논의되어 왔던 금융과 물류, 그리고 사람의 왕래가 자유로운 국제자유도시로의 체계개편의 연장선에서 이루어진 행정구조의 개편으로 생각하여도 무방할 것 같다. 이러한 점에서 볼 때, 제주특별자유도시의 궁극적인 목표는 홍가포르(Hongapore, Hong Kong과 Singapore의 합성어)를 지향하는 데서 알 수 있듯이, 홍콩이나 싱가폴과 같은 한정된 공간속에서 다양한 인종, 다양한 산업이 상호 경쟁하며 허브적인 역할을 하는 도시국

가적인 지역으로 거듭나는 것이다.

이에 대답이라도 하듯, 제주특별자치도 공약으로 10개 분야에 걸쳐 20대 중점과제를 중심으로 총 209개의 세부과제를 담은 실천공약이 제시되기도 하였다. 한마디로 제주의 발전을 위해 모든 역량을 총 동원하여 적극 지원해 나가겠다는 의지와 방향이 제시되고 있다고 평가할 수 있을 것이다.

그러나 뒤돌아보면 과거의 개발행태는 친환경적이고, 제주다운 도시경관조성을 표방하면서도 진작 개발행태는 친환경적이 못하였고, 지역성이 없는 초라한 도시경관과 생활환경을 양산하기만 하여 오히려 지역발전의 균형을 깨뜨리는 개발사업도 적지 않았다고 해도 지나친 표현은 아닐 것이다. 제주의 도시와 건축의 모습을 크게 변하게 한 대표적인 정책의 사례가 도시 성장과 지역 활성화라는 이름아래 추진되었던 도시개발사업과 그린벨트지역의 해체, 건축물의 고도완화 등이다.

특히 도시개발사업에 의한 대규모 단지의 건설은 쾌적하고 안정적인 주거환경을 조성하였다는 긍정적인 측면도 있으나 제주의 도시경관의 개성을 상실하게 하였고 주변지역으로 개발압력으로 작용하는 등 부정적인 측면이 더욱 크다고 할 수 있다. 더욱이 생태도시가 행정의 주요목표 중의 하나로 강조하고 있음에도 불구하고 도시개발계획의 연장선상에서 추진되는 도시개발사업을 들여다보면 보행도로와 자동차도로의 분리, 잔디주차장의 도입, 녹지공간의 연속성, 저층과 고층의 조화, 지형조건을 고려한 배치 등과 같은 최소한의 생태적인 요소를 거의 찾아볼 수 없을 뿐만 아니라 최소한의 주민편의 조차 충분히 고려되지 않는 면도 많다. 또한, 도시 전체의 맥락을 고려하지 않은 채 단순히 경제 활성화내지는 일부 주민의 편의도모 차원에서 고도완화가 이루어져 오히려 고밀화 고층화로 인하여 도시경관이 훼손되고 다수 주민들의 불편이 가중되는 현상으로 이어지는 어리석은 개발이 계속되고 있다고 하여도 지나친 표현은 아닐 것이다.

이러한 충분히 고려하지 못한 개발형태는 우리들 주변에서 흔히 목격하는 것이며, 하천복개, 공유수면의 매립, 해안도로 개설, 용적률 완화에 따른 고층건축물의 난립, 자동차의 이동과 속도만을 중시한 도로의 확장, 대형마켓에 밀려 쇠퇴해 가는 구도심관리의 부재 등은 궁극적으로는 도시와 건축발전의 전략과 목표의 부재에서 기인한 것이다.

한편으로는 제주다운 도시와 건축을 만들어 가야 한다고 지속적으로 제기되고 있는 것이 제주의 현주소다. 제주가 꿈꾸는 홍가포르를 실현하기 위한 도시와 건축행정의 역량에 의문이 앞서는 것은 단순한 기우(杞憂)에 지나지 않는 것일까? 지속적으로 거론되고 있는 도시경관문제, 도시성장의 빈익빈 부익부, 도심공동화 현상, 지역상권의 약화, 소득계층의 지역적 편차, 그리고 개성없는 도시건축물, 초라한 상업자본을 대변하는 간판들의 난립을 보면서 제주는 육지부와 같은 기형적인 모습으로 변해가고 있는 것은 아닌지, 걱

정스러울 뿐이다.

가장 큰 문제는 특별자치도 혹은 국제자유도시라는 틀 속에서의 제주의 도시 그리고 건축 발전을 위한 전략과 목표의 설정, 그리고 추진력 있는 행정조직이라고 생각된다. 도시와 건축을 어떻게 만들어갈 것인지 전략과 목표 없이는 구도심을 재개발하고, 신공항을 건설하며, 제1, 제2의 혁신도시를 만들어도 과거와 같은 구시대적인 개발수법으로는 불합리한 근대의 도시가 될 수밖에 없는 것이다.

그리고 행정업무의 특성상 도시행정과 건축행정이 밀접한 관련

(사진제공 : 제민일보 박민호 기자)

성이 있음에도 불구하고 인적교류와 업무의 연속성이 부족한 체계이다. 제주특별자치도의 도시와 건축행정에는 도시발전을 위한 전략과 목표를 세울 역량이 있는 조직인지, 그러한 인적(人的) 조직으로 구성되어 있는지 새롭게 검토해야 할 때이고, 필요하다면 도시와 건축행정에서의 전문 인력 양성을 위한 지속적인 지원과 육성도 필요할 때이다.

14. 제주의 도시 마케팅 전략

세계화, 지방화, 정보화의 큰 흐름 속에 세계를 하나로 묶으면서도 지방의 특성을 활성화하기 위해서 문화를 매체로 하는 도시 마케팅의 중요성이 높아지고 있다. 도시 발전의 비전제시와 정체성 수립을 통한 도시 마케팅추진에 있어서 가장 핵심적인 것은 도시의 이미지를 계획적으로 형성하고 창출해내는 것이다.

제주의 이미지에 대해서는 다양하겠으나 토탈 이미지를 표현한다면 청정 자연의 이미지 혹은 전원적인 도시, 농촌과 도시가 혼재된 독특한 도시의 이미지일 것이다.

도시의 이미지를 창출해 내는 방법에는 크게 두 가지를 들 수 있는데 하나는 도시의 이미지를 강력하게 심어줄 있는 대표적인 이미지의 개념을 추출하여 다양한 매체를 통해 확산시켜 제주의 고유

브랜드화 시키는 것이고 또 다른 하나는 제주의 부정적인 이미지를 찾아내어 긍정적인 이미지로 전환시키는 작업이다. 전자(前者)는 자주 언급되었던 제주적인 건축과 도시, 지역 건축의 모색과정을 통해 얻을 수 있는 작업일 것이다. 후자(後者)의 경우, 도서(島嶼)라는 공간적 한계와 이로 인한 도시 기능의 낙후성과 후진성을 개선하는 작업일 것이다. 다행히 제주시의 경우 정보화를 키워드로 하여 정보화 도시의 추진을 통해 첨단도시의 이미지를 어느 정도 구축하고 있고 아울러 생태도시 조성을 통해 지역 특성을 유지하려는 작업이 오래전부터 추진되고 있는 것은 다행스러운 일이다.

문제는 이와 같은 일련의 작업이 개별적 사업으로 추진되고 있고 또한 사업의 성과도 제주국제자유도시 혹은 제주 고유의 브랜드화에 연결되지 못하고 있다는 점이다.

이제는 마케팅 시대이다. 마케팅은 물건을 팔기 위한 적극적인 홍보를 의미하는 것이다. 제주라는 브랜드를 더욱 고부가가치가 있는 상품으로 만들기 위해서는 체계적인 마케팅 전략의 수립이 필수적일 수밖에 없을 것이다. 이른바 도시 그 자체를 마케팅하는 것이다.

도시 마케팅이란 지방자치단체가 주체가 되어 자본, 여행객, 새로운 거주자 유치를 위해 도시공간을 홍보하고 판매하는 마케팅활동이며 도시경영의 수단이다. 따라서 도시 마케팅의 상품은 도시를 구성하는 다양한 공간과 장소들이며 시설물과 인적(人的) 서비스, 기타 유무형의 것들이 복합적으로 구성되며 국제자유도시가 주요 목적이자 목표가 되었기에 세계화, 지방화에 대응하는 도시 마케팅 전략이 필요한 것이다.

제주의 도시 마케팅 전략을 위해 다음 몇 가지를 제시하고자 한다.

첫째, 문화축제를 개발하여 도시 마케팅과 연계하는 것이다.

제주지역의 곳곳에 산재해 있는 다양한 문화적 요소를 개발하여 축제의 장으로 발전시켜 상품화시키는 것이다. 대표적인 성공축제가 들불 축제와 억새꽃 잔치이다. 이들 축제는 제주의 자연문화를 배경으로 하여 축제로 개발한 성공사례라고 할 수 있다.

둘째, 문화예술의 개념이 우선되어야 한다는 것이다.

이제까지의 관광지구선정은 레저와 오락용 여가 관광공간으로 계획하여 하드웨어적 물량공급에 관심을 두어 왔다. 이제는 특정지역이나 장소가 지니는 생태적 문화적 고유성을 반영하여 도시 마케팅과 연계하여야 한다.

셋째, 주민과 행정기관의 강력한 협조체계 구축이다.

도시마케팅 전략은 지역주민과 지방자치체, 지역단체가 함께 미래를 꿈꾸며 비전을 공유하고 협의과정을 거쳐 새로운 도시 이미지를 형성해 나가야 하는 것이다

15. 제주의 미래와 고령친화산업

통계청은 2000년 7월을 기준으로 우리나라도 고령화사회에 접어들게 되었다고 공식 발표하였다. 고령화 사회로의 진입은 가족관계뿐만 아니라, 산업 전반에 걸쳐 많은 변화를 요구하게 될 것임을 이미 고령화 사회를 경험하고 있는 선진 복지국가의 사례를 통해 알 수 있다.

그 대표적인 것이 고령자를 주요 대상으로 하는 고령친화산업의 대두다.

고령부부와 독신세대의 증가로 고령자부양문제를 가족보다는 외부기능에 의존하려는 경향이고 이에 대한 잠재적 수요가 상당하다. 또한, 비교적 경제력이 있는 고령계층이 많고 특히 현재의 50대 예비노인계층은 노후개인연금이나 국민연금 등으로 노후대비를 하고 있기 때문에 앞으로 노인계층은 보다 안정된 경제력을 가질 것이고, 이들 계층에 대응하기 위한 고령친화시장이 형성되어 가고 있다.

이와 같이 가족제도의 변화, 고령화 사회의 도래는 이들 노인계층의 다양한 욕구와 결부되어 이들을 대상으로 하는 다양한 신규시장이 형성되는데, 이것이 바로 고령친화산업이라고 할 수 있다.

우리나라의 고령친화산업은 아직 초기단계에 있다고 할 수 있는데, 고령친화산업의 분야와 종류 등의 정의가 명확하게 정리되어 있지 않고, 또한 어떠한 기업들이 관여하고 있는 가에 대해서도 파악되어 있지 않은 실정이다.

고령친화산업의 종류는 주거, 의료, 건강, 편의용품, 여가, 금융, 교육 관련 등 노인의 삶과 관련된 것이면 어느 것이든지 있어 그 종류는 실로 다양하다고 할 수 있다. 대체로 고령친화산업에는 유료 및 실비의 양로원과 요양원, 노인복지주택, 유료노인주거시설 등의『주거관련분야』, 가정간호용품, 의료 보조기기 등의『건강기기 관련분야』, 건강보조식품이나 식사서비스를 제공하는『식품관련분야』, 노인들의 의류나 신발 등의『의류관련분야』, 노후개인연금이나 노후건강보험 등의『금융관련분야』, 노인성질환이나 노인건강관리 등의『의료관련분야』, 그리고 노인을 대상으로 하는 스포츠나 여행 등의『레저 관련분야』등을 고령친화산업의 종류로 열거할 수 있는데, 노인들의 신체적 특징상 대체로 醫·食·住의 분야에 관련된 것들이라고 할 수 있다. 이들 분야 중에서 가장 시장규모가 크고 고령친화산업을 주도하게 될 것이 주거관련분야로서 고령친화산업의 꽃이라고 불리기도 한다.

최근, 제주에서도 고령친화산업의 구상들이 다양하게 거론되고 있다. 제주 국제자유도시 계획안에서는 선행추진사업 중의 하나로 휴양형 주거단지 개발을 제시하고 있고, 제주대학교에서는 부속병원을 노인병치료 전문기관으로 구상한 적도 있고, 아라동에 신축된 제주의료원의 치매노인병원도 이러한 맥락에서 이해할 수 있을 것이다. 그러나, 이러한 시설만으로 고령친화산업이 형성되었다거나, 제주가 앞선 지역이라고 할 수 없다.

의료관련 분야만으로는 한계가 있으며, 노인용 영양식품과 의약

품의 개발과 관련된 화학 및 식품분야, 노인들의 財테크를 위한 상품개발과 관련된 경제 및 경영분야, 휴양개념의 체류형 상품개발과 관련된 관광분야 등 도내에서 자체 개발 연구할 수 있는 항목이 많으며, 연구를 수행할 연구진도 제주대학교와 도내 대학의 교수와 같은 인적 자원만으로도 충분하다고 할 수 있다.

국내 경제의 어려움 등으로 인하여 제주의 관광이 위기라는 인식이 팽배해지고 있는 지금, 이제 제주 관광의 패러다임 전환을 모색해야 하며, 그 대안의 하나가 바로 고령친화산업이라고 할 수 있다. 수려한 자연경관, 맑고 깨끗한 환경, 그리고 제주인의 순박한 마음을 바탕으로 고령자를 고객으로 하는 의료기능, 주거 기능 등과 연계 접목시켜 고령소비층을 대상으로 하는 관광산업을 육성하여야 할 것이다.

고령친화산업은 종합적인 서비스라고 할 수 있다. 도민, 행정기관, 학계가 협력한다면, 제주에서의 고령친화산업은 조기에 정착될 수 있을 것이다. 이를 위해 행정기관에서는 고령친화산업을 육성 발전시키기 위한 정책을 기획 수립하고, 전문가의 육성, 고령친화산업의 연구개발 지원, 그리고 사회기반의 정비 등을 추진하여야 할 것이다. 또한 학계에서도 고령친화산업에 대한 연구와 개발을 장기적이고 체계적으로 추진하여야 할 것이다.

이제, 무한한 잠재력이 있는 이 분야를 제주가 선점함으로써 새로운 제주의 이미지를 만들고, 이를 바탕으로 제2의 도약을 해야 할 때이다. “구슬이 서말이라도 꿰어야 보배”라는 속담이 있다. 먼

훗날 그 결실을 우리의 후손들이 나누어 가질 수 있도록, 이제 제주가 가지고 있는 구슬을 꿰는 작업을 하여야 할 때이다.

16. 제주의 지구단위계획 소고(小考)

체코의 수도 프라하를 방문하고 돌아온 분에게 도시의 풍경이 담긴 예쁜 서적을 선물 받은 적이 있다. 펼친 서적에는 프라하의 역사를 말해주듯 고풍스럽고 아름다운 도시와 건축의 풍경이 고스란히 담겨 있었다. 건축을 업(業)으로 하고 있는 필자로서는 당연히 왜 제주의 도시와 건축풍경이 감동적인 모습으로 비쳐지지 못하는 것일까? 심각한 고민을 하지 않을 수 없었다.

제주의 모습이라고 한다면 자연경관과 도시와 건축물에 의한 풍경일터인데 제주를 찾는 분들에게는 그리 감동적이거나 강한 인상을 받지는 못하고 있는 모양이다. 사실 이런 문제는 어제와 오늘 제기되어 왔던 문제가 아닌 것 같다. 그럼에도 불구하고 전혀 개선의 기미가 보이지 않는 것에 대해 아름다운 제주에 사는 우리들이 좀 더 심각하게 생각해 봐야 할 문제가 아닐 수 없다.

여기에는 크게 두 가지 유형의 문제점을 들 수 있는데 하나는 제주지역 곳곳을 연결시키기 위해 해안도로나 중간간도로 등과 같이 사통팔방으로 개설하고 있는 도로계획의 문제점을 들 수 있고, 또 다른 문제점은 도시경관의 주변 환경과의 부조화 문제이다. 즉,

제주지형이 갖는 땅의 지세와 흐름, 주요 경관 요소들과의 관계설정, 그리고 도로와의 관계성 등 세련되고 의도된 조화가 없는 것이다. 들쭉날쭉한 모양새 없는 스카이 라인이라든지 도로를 따라 전개되는 가로의 풍경은 무표정한 모습들이다. 택지개발지역이나 주거환경개선지역, 경관보존지역, 문화재 보호지역 등의 지역도 예외는 아니다. 이러한 제주 도시전반의 심각한 문제를 야기 시키는 그 근원을 한마디로 설명하자면, 도시·건축설계와 행정 종사자의 도시에 대한 이해가 지극히 부족함을 지적할 수밖에 없다.

2000년 7월에는 도시와 건축분야에 있어서 획기적인 변화가 있었다. 이전의 건축법에 규정되어 있던 지역 및 지구 안에서의 건축제한이 도시계획법에서 규정하게 되었고 특히 도시계획법상의 「상

세계획」과 건축법상의 「도시설계제도」가 개정된 도시계획법에서 「지구단위계획제도」로 통합되었던 것이다. 다시 말하면 건축하는 사람들은 도시차원에서 건축을 생각해야 하고 도시하는 사람들은 건축에 대한 이해를 요구하고 있는 것이다.

그러나 아직도 행정기관에서는 지구단위계획에 대한 중요성과 파급효과, 그리고 적용방안에 대한 이해의 부족으로 인하여 각 시도에 있어서 적용수법과 적용내용에 있어서 많은 문제를 안고 있는 것이 사실이다. 많은 건축가들이 이들 지구단위적용이 창조적 디자인의 침해라는 오해를 하고 있다. 시민단체는 얕은 전문지식으로 도시와 건축사업을 비난하기만 한다.

제주도의 경우, 국내외 많은 관광객이 방문하는 대표적인 관광지이자 국책사업으로 추진되고 있는 국제자유도시를 지향하고 있는 개발지역이지만, 최근 제주에는 난개발, 일조권, 조망권, 고밀고층화, 도시경관문제, 해안도로, 건천복개, 매립 등과 같은 단어들이 자주 언론에 등장하곤 한다. 그 만큼 제주지역의 개발 후유증이 심각한 상황에 직면해 있다는 의미이기도 할 것이다. 이러한 현상을 보고 오죽했으면 제주를 토목왕국이라고까지 비웃을까 생각해 볼 문제이다.

이러한 난개발을 제어하기 위해서는 우선 행정조직의 보완이 필요하다. 도시행정에는 많은 건축전문직이 있어야 하고 건축행정 부서에도 도시를 이해하는 전문직이 더욱 많아야 한다. 전문직 공무원이 없으면 교육을 시켜 육성해야 할 것이다. 아울러 도시 관리수법으로서의 지구단위계획제도와 같은 새로운 제도의 적용이 보다

체계적이고 보다 세련되게 적용되고 운영되어야 할 것이다.

그리고 건축설계와 행정 종사자도 도시공간의 이해와 이를 바탕으로 한 건축 작업이 이루어지도록 부단한 노력을 해야 할 것이고 시민이나 시민단체도 아름다운 도시풍경이나 시민의 삶의 질 향상을 위해 미래지향적인 도시와 건축 관리방안을 끝임 없이 제시하여야 하는 시대에 살고 있음을 의식해야 할 때이다.

17. 택지개발의 허와 실

제주에 살고 있다면 적어도 집합주택 보다는 자연풍경과 어우러진 나지막한 단독주택에서의 거주를 간절히 희망할 것이다. 아마도 모두가 1970년대에 유행했었던 가수 남 진씨가 불러 히트하였던 “님과 함께”의 가사와 같이 저 푸른 초원 위에 그림 같은 집을 짓고 사랑하는 님과 한 백년을 함께 사는 것을 꿈꾸면서.

그런 꿈을 실현시키기 위해 제주도내에도 활발히 택지개발이 이루어지고 있다. 그러나 어떠한 개발철학과 개발수법을 동원하였는가에 따라 만들어질 주거공간은 달라질 수밖에 없을 것이고 그 결과에는 허(虛)와 실(實)이 있기 마련인 것이다.

택지개발을 통해 삶의 질의 기준이 되는 주택보급률 향상과 지역건설경제를 활성화시키는 등의 효과는 있었을 것이다.

그러나 그에 못지않게 잃은 것도 있다. 제주시 중심의 택지개발이 오히려 인구집중화를 야기 시켰고 이로 인한 지역경제의 균형이 상실하게 된 것은 단순히 택지개발로 인한 지방경제의 상승효과보다는 더욱 큰 손실일 수 있다. 더욱이 택지개발을 통해 주택 보급률이 높아진 만큼 시민들의 삶의 질이 높아진 것은 아닐 것이다. 주택확보에 관심을 두다보니 고밀도 고층화가 되어야 하고 당연히 녹지공간도 줄어들 수밖에 없으니, 제주시가 시정목표로 설정한 생태도시와는 거리가 멀어질 수밖에 없을 것이다.

이제는 택지개발의 원래 목적인 주거환경개선과 주택보급의 촉진을 충족시키기 위한 새로운 방향설정이 필요할 때이다.

먼저, 거주자의 편의성과 안전성, 그리고 쾌적성, 그리고 지역발전의 균형성을 담보로 하는 택지개발에 치중하여야 할 것이다. 더욱 많은 공용부분을 확보하여 아동시설과 공원, 상업시설들이 보다 기능적으로 적절하게 배치되고 더욱이 이들 시설들은 차량의 위험으로부터 보호받으며 걸어서도 안전하게 근접할 수 있도록 철저한 계획이 되어야 할 것이다. 그리고 지역의 균형적인발전을 위해 제주시 이외의 가능한 한 다른 지역에서 택지개발을 추진하되 국제자유도시에서 추진하고 있는 각종 프로젝트와의 연관성 등을 고려하여 복합적으로 택지개발을 추진하여야 할 것이다.

둘째, 주변지역과 부지의 지형적인 조건을 고려한 제주의 풍경을 만드는 택지개발이 되어야 할 것이다. 토지의 지형조건이나 토지가 지닌 역사적 흔적, 기존의 도로 등에 대한 배려가 전혀 없다. 그러니 제주형 주택이니 요즈음 유행하는 환경친화형 주택이 건설이 되기 어렵고 도시경관도 엉망이 될 수밖에 없는 것이다. 제주다운 주거공간은 토지의 조건을 충분히 고려하고 주변의 조건이나 지역문화를 반영하고자 노력할 때 자연스럽게 이루어지는 것이다.

셋째, 자연환경 속의 택지개발을 한다는 개념이 아니라 택지개발 속에 어떻게 자연 녹지공간을 더욱 많이 확보할 것인가에 대한 고민을 하여야 할 것이다. 택지개발사업을 추진, 분양하면서 내세우는 마케팅 중의 하나가 전원속의 주거공간이다. 그러나 개발된 택지에는 제대로 된 녹지공간이 없거나 있어도 접근하기 어려운 곳에 배치하여 공원으로써 기능성을 상실한 것이 대부분이다. 녹지공간이 많이 확보되고 이들 녹지공간을 따라 보행자 전용도로가 연결되어 쾌적하고 안전하며 편리한 주거환경조성이 최우선되어야 할 것이다.

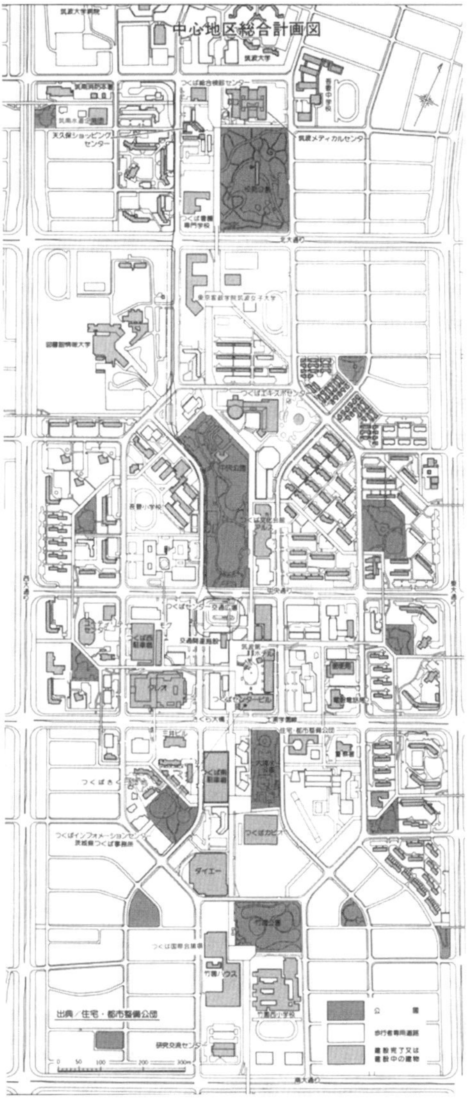

보행자 중심의 도로체계와 문화·녹지체계, 일본 쯔쿠바市

넷째, 택지개발사업을 통해 지역건축문화를 만들어 가려는 노력이 필요하다. 구획된 택지를 건설업체나 개인에게 매각하기 보다는 일정 블록을 지정하여 국내 혹은 지역의 건축가에게 지역의 문화, 새로운 주거모델을 제안하게 함으로써 주택을 단순히 살기 위한 공간, 돈벌이만을 위한 공간이 아니라 거리와 도시의 풍경을 만들어 가는 문화적 요소, 그리고 지역건축문화를 반영하는 중요한 요소임을 주민들에게 인식시키고 이러한 작업이 문화행사로서 자리매김할 때 건축수준은 더욱 높아질 것이다.

18. 주변인을 위한 건축·도시 공간의 배려

12월은 지는 해의 아쉬움과 오는 해의 기대감이 교차하는 달이다. 이때쯤이면 의례히 불우이웃 돕기 자선활동이 전개되는 시기이기도 하다. 이러한 관심과 운동이 불필요한 것은 아니지만, 굳이 12월이 아니라도 일상생활 속에서 이들에 대한 배려와 관심이 전해지는 사회가 필요할 것이며 또한 건축·도시 공간적 배려도 중요하다.

오래전에 어머니의 시신과 함께 6개월을 홀로 지낸 중학생의 사연이 뉴스를 통해 전해졌다. 따스한 마음과 따스한 만남의 공간이 부족했기 때문이다. 이와 같이 우리 사회에는 사회 집단에 소속되거나 동질감을 가지지 못한 채 홀로이 남아 고독한 삶을 영위하는 계층이 늘어가고 있다. 이제 우리나라도 2000년을 기준으로 고령화

사회에 진입하게 되었다. 이와 같은 인구구조의 변화는 단순히 고령인구가 증가뿐만 아니라 아동인구 등 인구 전반에 있어서 많은 변화를 수반하고 있기 때문에 주거문제뿐만 아니라 경제, 노동, 사회보장 등 모든 분야에 걸쳐 직접 혹은 간접적인 변화와 영향을 줄 것이다.

이러한 사회의 고령화 과정 속에 노인계층은 자연히 부담스러운 존재가 될 수밖에 없고 특히 급속한 정보화 사회의 흐름 속에서는 시대적 적응력이 떨어져 더욱 고립적적인 존재로 남을 수밖에 없을 것이다. 아울러 증가하는 아동학대, 학교급식비 조차 내지 못해 결식하는 학생들. 이들 모두가 우리들의 따스한 마음을 필요로 하는 계층이며, 이러한 존재를 우리들은 「주변인」이라고 한다. 즉 「신체적 성질, 언어, 의복, 습관 등의 차이로 하나의 사회집단에 완전히 소속되지 못하고 다른 것으로도 되지 못한 사람」을 의미하는 것이다.

주변인의 문제 중에 가장 심각한 것은 우리나라 노인문제이며, 이는 노인인구의 증가와 노인단독가구의 증가에 의해 일차적으로 노인이 시중 받을 수 있는 기회가 감소함에 따라 일어나게 된다. 과거 노인의 경우 유교전통사회의 대가족제도 하에서 웃어른으로서 공경을 받는 즉 경로효친의 사상에 의해 지위와 권위를 유지하고 생의 말기를 보냈던 것이다.

그러나, 현대사회는 가부장적 권위의 쇠퇴, 개인주의 의식의 팽배, 경로와 부양의식의 약화 등으로 노인문제가 심각해져가고 있다. 지금의 노인층은 자기희생의 가치관으로 모든 것을 자식에게 바치고 노후생계는 자식들의 처분만을 기다리는 의존적 형태이지만 앞으로의 노인들은 자기를 지킬 수 있는 능력을 배양해나갈 것이다. 현재의 노인세대는 과도기에 처해있다.

가족과 지역사회, 그리고 사회 속에서도 자신의 역할과 자신이 갈 곳이 점점 좁혀져 가는 것이 「주변인」으로서의 우리나라 노인계층의 삶의 현실인 것이다. 고령화 사회의 주인공인 노인계층이 영원히 「주변인」으로 남을 것인가? 오늘을 살아가는 노인계층의 문제이기도 하지만, 미래에 노인이 될 우리들의 문제이기도 하다.

그럼, 고령화 사회에서의 「탈주변인」이 되기 위한 조건은 무엇이며, 우리들은 무엇을 하여야 할 것인가?

이러한 소박한 질문에 의외로 간단히 답할 수 있을 것 같다. 소외됨을 극복할 수 있는 환경을 형성해 가는 것이다. 사람과 사람의 만남을 중시하고 이러한 사람과 사람의 교류와 접촉이 빈번히 일어날 수 있는 도시공간을 계획적이고 체계적으로 형성해 가는 것이다.

결국 커뮤니케이션을 발생하게 하고 유도하는 도시·건축의 여러 가지 장치물이 필요할 것이다. 이러한 하드웨어적인 공간 속에 다양한 계층, 다양한 가치관을 가진 사람들과의 교류와 접촉 과정 속에서 이질감을 가진 「주변인」이 아니라 동질감을 가진 「탈 주변인」을 형성해갈 수 있는 것이다.

19. 삭막한 제주의 도시와 건축문화

필자는 오래전에 다소 무리한 예산과 일정으로 떠난 캐나다와 미국의 동부 주요 도시방문에서 느꼈던 두 가지 인상적인 것을 언급하고 싶다. 하나는 아름답고 고풍스러운 도시공간과 건축물을 보기 위해 세계 각지에서 몰려든 수많은 인파에 놀랐고, 또 다른 하나는 도시공간과 건축물 통해 도시 나름대로 과거와 현재의 역사, 그리고 기능성과 상징성을 유지하고자 하는 것이었다.

가장 인상적인 것이 있다면, 뉴욕 맨해튼에 자리 잡은 거대한 센트럴 파크와 캐나다 퀘벡시의 거리였다. 세계무역의 중심에 선 뉴욕의 대표적인 지역, 맨해튼의 센트럴 파크는 국내외 관광안내지도에 한번쯤 방문해야하는 관광지로 소개되어 있다. 공원이 관광지라는 점에 의아하게 생각하겠지만, 거대한 맨해튼 지역 한 가운데 자리 잡은 센트럴 파크는 세계 각지에서 찾아온 관광객이 펼쳐보는 지도 위를 표기되어 길을 찾아가는 안내의 역할을 할뿐 만아니라, 거대한 빌딩으로 빼곡히 차있는 뉴욕의 도심공간에 휴식을 취할 수 있는 여유 공간이 되기도 하는 도시의 허파와 같은 역할을 하는 곳이기도 하다. 게다가 여유 있는 센트럴 파크 주변 조건을 이용하기 위해 크고 작은 문화시설들과 고급 주택, 사무실들이 모여들어 새로운 문화 중심지를 형성하고 있는 것이다. 이곳에는 항상 가족이나 연인들이 모여들어 거대한 빌딩 숲으로 둘러싸인 공원 한 곳에서 자신들의 여유 있는 시간을 즐기는 모습을 보며, 문화적인 삶

뉴욕의 맨해튼, 미국

을 찾아볼 수 있었다. 아마 우리나라였다면, 주차장이 모자란다고 혹은 택지가 모자란다고 공원보다는 도로나 주거단지로 개발 했을런지 모를 일이다.

거대한 공원이 인상적이었던 뉴욕 맨해튼에 비하면 캐나다 퀘벡시는 작은 마을에 불과 하지만, 그래도 가장 아름다운 도시의 풍경이었다. 거리의 폭이 좁아 보행하기 힘들어도 많은 관광객들은 상점보다는 아름다움이 넘치는 거리를 거닐며 환한 표정을 짓는 모습은 생동감 그 자체였다. 필자가 강조하고 싶은 것은 이들 거리에는 아름다움을 가꾸기 위한 작은 정성과 노력이 있었기 때문이다. 이들 거리의 가게들이 내건 요란스럽지 않고 크지도 않은 가게 간판도 인상적이었지만, 아름답게 치장한 건축물의 외벽에 어울리는 정성

베네치아, 이탈리아

스럽게 가꾸어 장식한 꽃 상자가 있었고 가로수, 거리의 벤치, 가로등, 그리고 휘장 등이 고풍스러운 마을의 분위기를 한층 돋보이게 하는 요인들이라고 할 수 있다. 많은 관광객은 물건을 사기 보다는 이들 아름다운 거리와 건축물을 향해 렌즈의 초점을 맞추고 있는 광경을 보면서 자연히 제주의 도시와 건축문화, 그리고 제주의 자랑거리 성읍민속마을에 대해 잠시 생각해 보지 않을 수 없었다.

세계 속의 관광지, 국제자유도시를 꿈꾸고 있는 제주의 도시와 건축문화 수준은 초라하기만 하다. 공원은 있으나 접근하기 어렵고 각각의 공원들이 유기적으로 연결되어 있지도 못하다. 유기적으로 연결해줄 보행자 길은 자동차로 위협받고 그나마 있는 가로수는 볼품없는 모양이며, 거의 모든 거리의 바닥은 콘크리트 블록으로 덥

혀있다. 게다가 거리로 향한 건축물은 외형과 배치형태에서 거리를 압도하고 크고 작은 간판으로 뒤 덥혀 거리의 풍경을 즐길 여유조차 없다. 택지개발사업에는 단순히 구획된 토지 위에 건축물들이 들어서기만 할뿐, 거리를 따라 거닐며 아름다운 건축물, 꽃과 가로수, 가로등, 휘장 등으로 장식된 거리, 그리고 지역에 곳곳에 산재한 소규모 공원으로 연결되어 안심하고 쾌적하게 거리의 풍경을 즐길 수 있는 공간 프로그램이 없다. 공원을 만들 땅이 없다면, 도시 곳곳에 있는 무료 주차

성읍민속마을

장의 일부를 소규모 포켓형 공원(Pocket park)으로 만들 수 있을 것이고, 주요 도로에 접한 가게들과 협력하여 꽃과 가로수를 정리하고 휘장을 달고, 지역특성이 반영된 가로등을 설치하거나, 거리의 바닥을 부분적으로 잔디와 블록으로 조성하는 등 개선방안은 많이 있을 것이다. 성읍 민속마을 역시 마을을 가로 지르는 아스팔트 도로를 없애고 마을의 거리도 아스팔트가 아닌 자연석 블록으로 교체하고 나아가 가게마다 개성 있게 가꾼 꽃과 가로수, 벤치, 가로등, 초가집의 현대적인 내부공간과 전통적인 외형을 조화롭게 조성한다면 퀘벡시와 같은 따스한 인간미와 아름다움을 간직한 제주 고유의 전통마을로 거듭날 수 있을 것이다.

최근 제주에는 계속되는 폭염과 열대야로 인해 잠 못 이루는 날이 늘어나고 있다. 이것 또한 삭막한 제주의 도시와 건축문화의 결과이기도 하다. 제주의 도시와 건축문화가 자연과 인간을 위한 공간 계획으로 좀 더 다가설 때, 시민들에게는 정말 살기 좋은 제주로 거듭날 것이고, 관광객들에게는 여유 있고 풍요롭게 사는 제주사람들의 모습과 아름다운 제주의 도시와 건축문화를 카메라에 가득히 담아갈 것이다. 그러면 자연히 국제자유도시는 절반의 성공을 이루는 것은 아닐까 생각해본다.

20. 광복절과 역사문화도시

8·15광복절은 36년간 일제의 식민지 시대를 종결하고 해방을 맞이한 날이다. 60여년이 지난 오늘 과거를 뒤돌아보면서 조금은 아쉽고 한탄스러운 면도 없지는 않다. 압박과 수탈이 자행되었던 36년간의 기나긴 시간들을 우리는 너무 쉽게 잊고 있지 않은지 모르겠다. 흔히들 자학적인 표현으로는 냄비근성이라고도 하기는 하지만, 필자의 생각으로는 오히려 낙천적이고 마음이 여리기 때문이라고 생각한다. 빨리 잊고 앞을 향해 질주하는 것, 그래서 보다 낳은 미래를 꿈꾸는 것에 더 많은 가치와 의미를 부여하고 있기 때문이다. 우리가 잊지 말아야 할 것은 역사는 엄연한 역사라는 점이다. 아무리 뼈아픈 역사이고 잊고 싶은 역사라고 하지만 기록으로 남아 있는 지울 수 없는 과거의 사실(史實)이기 때문이다. 이러한 과거의 사실(史實)을 이 시대를 살아가는 우리세대와 미래의 세대들이 잊지 않고 기억하고 기념해 가고자 하는 노력이 더욱 중요하며 더욱이 미래의 세대들에게 남겨줄 수 있는 중요한 현 시대인들의 메시지라고 할 수 있을 것이다.

그런데 과거의 사실(史實)을 우리들은 얼마나 기록하고 보존하며 젊은 세대들에게 일상생활 속에서의 역사적 교육의 장(場)으로서 활용하고 있는지 의문스럽기만 하다. 몇 년 전 김영삼 정권 때에 8·15광복절 행사의 일환으로 일제 식민지의 상징이었던 조선총독부를 철거하는 행사가 있었다. 일제의 잔재를 청산한다는 점에서는 어느 누구도 반대하지는 않을 것이지만, 역사적 가치와 교육적 활용이라는 측면에서 볼 때 너무 정치적인 행사에 지나지 않는 것이었다. 상징적으로 보존하기로 하였던 조선총독부의 상부구조물은 국립중앙박물관에 보존하기는 하였지만 박물관이라는 지극히 제한적이고 한정적인 공간에서 일제 식민지를 눈으로 보고 피부로 느낄 수밖에 없게 되었다. 일본강점기의 많은 근대건축물이 훼손되고 철거됨으로서 과거의 역사를 우리들 스스로가 잊으려 혹은 잊고 있는지 모르겠다.

이러한 문제는 육지부뿐만 아니라 제주지역에서 같은 현상이라고 할 수 있다. 제주지역에서의 일제 식민지, 8·15광복절은 육지부와는 다른 의미를 갖고 있다. 넓은 지역에 걸쳐 각종 방어진지 구축과 알뜨르비행장 건설, 그리고 수탈을 위한 공장 등이 지역 곳곳에 건축되었고 또한 민간인으로 제주에 체류한 일본인들의 거주지가 묵은성을 중심으로 형성되기도 하였다. 특히 일본강점기 이후, 4·3 성터와 유적, 한국전쟁으로 인한 피난민의 유입에 의해 조성된 피난민주택, 이승만 전 대통령의 별장 등 많은 근현대의 역사적 건축물들도 적지 않게 건조되었다.

역사적 흐름 속에 탄생하였던(탄생할 수밖에 없었던)건조물은 그 시대를 대변하는 역사적 메시지를 담고 있다. 흔히들 건조물을 시대적 거울이라고도 표현한다. 많은 국가들이 적극적으로 보존하려는 배경에는 그 시대의 거울이었던 역사적 건조물을 통해 과거를 기억하고 역사적 과정 속에서 미래에 대처하는 삶의 지혜와 슬기,

교훈을 얻고자 하는 것이다. 그러한 도시가 바로 역사문화도시인 것이다.

독일의 경우 동독과 서독의 경계였던 베를린 장벽을 남겨두고 그곳에 화가들이 그린 벽화를 그려둠으로써 역사적 의미와 문화성을 지향하고자 하였다. 원폭의 피해를 겪은 일본 히로시마에는 당시의 피해로 골조만 남은 원형돔 건축물이 보존되어 당시의 상황뿐만 아니라 핵개발 반대 메시지를 전하고자 하고 있다.

과연 제주에는 역사와 문화가 있는지 생각해본다. 애석하게도 1990년대 초까지 남아있던 많은 제주지역의 일본강점기 전후의 근대건축물이 철거되어버렸다. 일본강점기에 만들어진 수많은 진지동굴을 활용하여 역사성과 문화성을 가지려는 노력을 하고 있는지 매년 찾아오는 8·15광복절에 새삼 우리의 모습을 반성해 본다.

21. 세계평화의 섬, 제주의 상징물 소고(小考)

2005년 1월 27일 노무현 대통령이 청화대에서 선언문에 서명하고, 제주도를 평화의 섬으로 지정하였다. 제주를 방문하는 많은 관광객은 제주를 국내 유수의 관광지로만 여겨 왔기에 제주가 웬 평화의 섬인가 의아해 할 것이다. 그러나 자세히 들여다보면, 제주만큼 근현대사에 있어서 쓰라린 아픔과 경험을 지역은 그리 많지 않을 것이라 생각한다.

반세기 이전에는 이곳 제주에 많은 일본군이 주둔하고 있었고 태평양 전쟁의 막바지에는 일본 본토를 사수하기 위한 최후의 저항지로 생각하여 아름다운 땅 제주의 곳곳에 수많은 진지와 비행장, 그리고 갱도를 구축하였다. 그리고 이 과정에 수많은 제주사람들이 강제 동원되어 노역을 하여야 했던 어려운 시기도 있었다.

그리고 해방 후 발생한 4·3사건은 또 한번, 제주사람들에게 큰 아픔을 주었던 사건이었다. 때로는 토벌대에 때로는 산사람들에 의해 무고한 많은 사람들이 희생되었고, 가해자와 피해자가 오랜 세월동안 갈등과 대립이 이어져왔다. 최근 화해와 상생을 바라는 사회적 분위기가 조성되기 시작하면서 희생된 분들의 넋을 위로하고 근현대사의 아픔을 영원히 잊지 않기 위해 이 땅 제주가 세계평화를 염원하고 나아가 평화정착을 위한 중심지가 되어야 한다는 취지에서 국가가 세계평화의 섬 제주를 공식 지정한 것이다.

세계평화의 섬 제주로 지정된 2005년부터 평화 마라톤, 평화회의,

평화포럼 등등 다양한 평화사업이 추진되어 오고 있다. 그리고 동시에 4·3평화기념공원도 중앙정부의 지원 아래 조성되고 있고, 평화연구원도 완공되어 운영되고 있다. 크고 화려하지 않지만, 그래도 한걸음씩 평화정착을 위한 노력의 결실을 맺어 가고 있는 것 같다.

그러데 평화사업과 관련된 연구용역의 내용이 우리들의 마음을 무겁게 하는 것 같다. 다름 아닌 세계평화의 섬 제주의 상징물에 관한 내용이다. 세계 평화를 기원하는 제주의 상징물을 건립하겠다는 취지는 충분히 이해하고 어떤 면에서는 필요하리라 생각한다. 많은 분들이 걱정스러워하는 사항 중의 하나는 사업에 대한 이념적 철학적 접근이 너무 빈약하다는 점이다. 평화란 무엇인가, 그리고 제주에서 찾고자 하는 평화적 이념은 무엇인가에 대한 소박하고 근본적인 물음에 대한 진지한 고민이 없었던 것이 아닌지 의심스럽기 때문이다.

게다가 외국의 모범 사례로 열거한 곳이 중동의 두바이이고, 두바이의 최고와 최대가 상징성을 갖질 수 있다는 유아적 발상도 문제다. 상징물은 크고 높은 것만이 상징성을 나타내는 것은 아니다. 크고 높은 구조물은 아니지만, 그 곳을 방문하였을 때 산자의 가슴을 아프게 하고, 다시는 서로의 희생을 강요하는 어리석음을 하지 않아야겠다는 생각과 다짐을 갖게 할 수 있는 장소와 공간, 그리고 그러한 소박한 건축물을 만들 수는 없는 것인가? 유태인 대학살의 추모관을 상징하는 이스라엘 예루살렘의 "야드 바셈", 캄보디아의 "뚜어슬랭 박물관", 중국의 "난징대학살 기념관", 미국 워싱턴의 "베트남참전 기념관", 크로아티아의 "야세노박 수용소 기념관"과 같은 크지 않지만 그곳을 가면 꼭 방문하여야 하는 추모관과 기념관을 만들 수는 없는가?

제주에서 추진되는 많은 사업과 관련하여 형용사처럼 사용되고 있는 단어가 관광자원활용 혹은 4·3사건의 정신을 이어간다는 내용들이다. 그러니 자연히 사업의 성격이 모호해지고 기본적인 목표와 전략이 약해질 수밖에 없는 것이다.

한 가지만이라도 충실하게 하고 알차게 마무리 한다면 그리고 이곳 제주의 정서에 맞게 적용해 간다면 이것이 제주다움이 되는 것이고, 또한 제주의 문화적 수준을 높이는 것이다. 항상 세계최대와 세계최고를 찾는다면 진정한 우리의 모든 것을 잃어버릴지도 모르겠다. 국제자유도시를 지향하는 제주이기에 작지만 소박한 구조물, 작지만 평화를 갈망하는 제주사람들의 정신을 전해줄 수 있는 구조물이 더욱 의미 있는 상징물이 아닐까?

"제주적인 것이 세계적인 것"이라는 평범한 진리를 우리는 항상 잊고 지내는 것 같다.

22. 세계자연유산등재에 따른 도시기능의 회복

2007년 제주가 세계자연유산에 등재됨으로써 제주의 땅이 가진 인문학적 가치를 새롭게 평가받는 계기가 되었다. 제주특별자치도,

국제자유도시, 그리고 세계자연유산의 등재, 이 모든 것들이 안에서 밖으로의 성장을 추구하며, 내면적 자산에서 외면적 자산으로 가치를 높이기 위함이다. 그러기 위해서는 제주의 이미지, 제주의 자연경관과 인공경관을 멋지게 형성하고 효율적으로 관리해 가는 것이 중요하다고 할 수 있다.

제주도가 세계문화유산으로 등록되었으나 장기적인 관리계획의 수립과 동시에 천혜의 자연환경을 충분히 제주 세계평화의 섬 이념으로 실천할 수 있는 방안과 연계시키는 것은 국제자유도시, 평화의 섬 등의 구호를 내세우고 있는 제주도정의 실천적 이념과도 맥락을 같이 하는 것이기도 하다. 그러나 제주가 주목받는 만큼이나 인간의 인위적인 변화의 손길이 미치기 마련이다. 관광지로서의 개발과 아울러 이 땅에 살아가는 사람들의 삶의 질적 향상이라는 측면에서 너무나 많은 인위적인 개발이 추진되어 왔고, 현재 그러한

작업이 진행 중이다. 당연히 개발정책은 지속적으로 추진되어야 할 것이다. 그러나 개발 그 자체는 직·간접으로 자연환경에 영향을 줄 수밖에 없는 것이기에 체계적인 수법이 없는 개발은 오히려 하지 않은 것보다 못한 결과를 낳기 마련일 것이다.

유네스코 세계자연유산으로 등재된 '제주 화산섬과 용암동굴'은 한라산 천연보호구역과 성산일출봉, 그리고 벵뒤굴 · 만장굴 · 김녕굴 · 용천동굴 · 당처물동굴을 포함하는 거문오름 용암동굴계 등 크게 세 곳이며, 이들 세 곳을 묶어 등재된 이른바 '연속유산'이다. 이들 세 곳 중, 개발이 불가능한 한라산 천연보호구역과 거문오름 용암동굴계를 제외하고, 성산일출봉은 이미 많은 개발이 이루어져 아름다운 경관이 크게 훼손되어 장기적으로 훼손된 환경을 회복하기 위한 장기계획의 수립과 실천이 요구되고 있다.

특히 이들 세계자연유산 등록지역에 인접한 소도읍 혹은 도시지역에서의 거주환경을 제주지역에 걸 맞는 장기적인 안목에서의 경관계획수립이 무엇보다 중요한 시기이다.

도시의 풍경이나 경치는 자연스럽게 형성되는 것은 아니다. 도시는 기본적으로 건축물과 도로에 구성되어지는 면(面)적인 공간을 의미한다. 도로를 어떻게 개설하고 그 도로에 의해 분할되는 토지속에 어떠한 건축물을 건축할 것인가를 체계적으로 관리하기 위한 것이 도시조례등과 같은 도시관련법이라고 할 수 있다. 혹자는 자신 소유의 땅에 자신이 짓고 싶은 건축물을 지으면 되는 것이지 법에서 지역을 지정하여 건축 가능한 건축물을 제한하는 것은 사유

재산권을 제약하는 것이라고 할지 모르겠다. 사유 재산권을 제한하는 것이 사실이다. 그러나, 도시의 한정된 공간 속에서 모여 살아가기 위해서는 부득이 개인적인 이익보다는 공공의 이익이 우선될 수밖에 없는 것이다. 사유재산권을 제약해서라도 쾌적하고 안전한 주거공간을 확보하고 아름답고 멋진 풍경이 있는 도시를 확보하기 위해서이다. 제주와 같은 자연풍경이 뛰어난 도시는 더욱 도시계획을 체계적이고 합리적으로 세워야 한다. 그래서 제주시 도시계획조례가 어느 정도로 사유재산권을 존중하면서 제주의 풍경, 경치가 담긴 도시를 만들어갈 것인가가 관심의 대상이 될 수밖에 없는 것이다. 제주경관에서 특히 문제로 지적하고 싶은 것은 경관형성의 중요성에 대한 인식 부족 이다. 왜 해야 하는지, 그것을 통해 삶의 질이 어떻게 바뀌는지 등에 대한 이해가 부족과 행정주도의 정책 정책수립과 집행의 연속성 부족이 제주의 경관을 저해하는 요소들임을 지적하고 싶다.

감귤산업과 관광산업의 침체가 제주사회의 큰 이슈인 것처럼 제

주의 도시와 경관문제 역시 제주사회의 중요한 사회적 이슈로 몇 년 전부터 등장하고 있다.

도시계획 차원에서 경관계획은 그동안 산발적으로만 논의되고 시행되어왔던 것이라 도시건축적 시각에서 제주형 도시경관계획을 다루는 자체는 처음이다. 제주형 도시경관계획을 세우는 데 가장 중요한 것은 역시 큰 그림을 어떻게 그리느냐 하는 문제일 것이다. 가장 중요한 전제가 "전통과 환경이 조화를 이룬 도시 경관을 만드는 것 인데 경관이란 문제를 떠나서 도시는 하나의 생명체와 같은 것이다. 즉 현재만이 존재하는 것이 아니라 과거가 있기 때문에 현재가 있는 것이고 현재가 있기 때문에 미래를 준비할 수 있는 것이다. 이들 요소가 함께 공존하는 것이 도시의 기본적인 속이며, 과거, 현재, 미래를 이어주는 주요한 요소가 바로 환경이라고 할 수 있다.

흔히 경관계획이라면 그동안 단순히 환경개선, 역사문화경관 보존 같은 단편적인 처방에 머문 감이 있는데, 이 문제는 지엽적인가 지역적인가의 문제로 받아들여야 할 것이다. 경관은 기본적으로 어떠한 특정적인 것 만에 의해 형성되는 것이 아니라 다양한 요소들이 함께 조화되고 어울러져 형성되는 것이다. 따라서 이러한 지엽적인 하나하나의 보존과 개발 전략을 잘 수립하여도 자연히 좋은 경관이 형성되는 것이다.

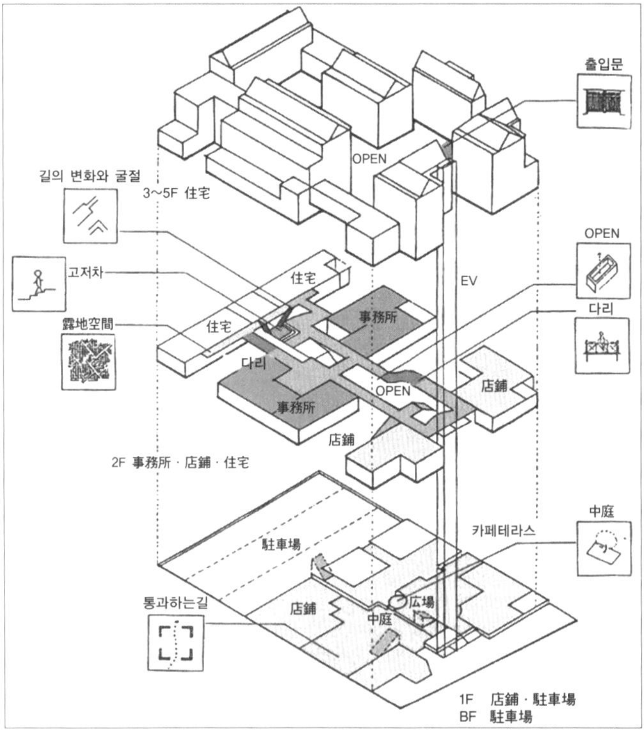
출입문
OPEN
길의 변화와 굴절
3~5F 住宅
OPEN
고저차
住宅
EV
露地空間
住宅
事務所
다리
다리
OPEN
店鋪
事務所
店鋪
2F 事務所 · 店鋪 · 住宅
中庭
카페테라스
駐車場
통과하는길
店鋪
廣場
中庭
1F 店鋪 · 駐車場
BF 駐車場

그동안, 제주의 공공부문디자인이 그다지 성공을 거두지 못한 이유는 도시계획상의 문제가 가장 큰 요인이라고 생각된다. 도시는 기본적으로 도로와 건축으로 구성된다. 기본적으로 건축적 요소들이 도시의 풍경과 경치를 풍부하게 만들지만, 도로와 건축은 상호보완적 관계 속에서 더욱 도시의 기능과 시각적 풍부함을 얻게 되는 것이다. 그럼에도 불구하고 우리나라의 도시계획은 자동차 중심의 도로를 우선적으로 고려하여 먼저계획하고 주택을 건축하는 발상에서 시작되는 것이 문제이다. 지형적인 조건이나 주택과 도로와의 관련성 등이 결여될 수밖에 없고 그나마 도로도 자동차중심이어서 인도의 폭이 좁고, 거리공간의 문화적 요소가 없고 또한 건축과의 관련성이 결여될 수밖에 없다.

최근 서울시에서는 도시경관, 도시구조물을 등 도시디자인을 총괄할 기획단을 신설했다고 한다. 대구시도 100년 앞을 내다보는 도시 이미지 구상을 위해 도시디자인위원회 위원을 공모 중이라고 한다. 문제는 공공디자인에 대한 인식이라고 할 수 있다. 가로 시설물을 중심으로 이루어지는 공공디자인은 이들 개별적인 구조물의 미적 요소에 가치를 두는 것이 아니라 그 구조물이 차지하고 있는 공간과의 조화에 있는 것이다. 다시 말하면 사람들의 생활행위를 담는 3차원적인 공간의 크기와 깊이, 형태와 색채, 그리고 넓게는 인접한 공간과의 관련성에 의해 디자인하고자 하는 것이 공공디자인의 기본 취지인 것이다. 그러나 불행하게도 우리나라의 현실은 디자인이라는 이름아래 미술과 산업디자인 분야의 종사자들이 크고 작은 프로젝트에 참여하고 있다. 공공디자인의 주체는 제대로 된 도시건축 전문가의 참여가 중요하며, 이러한 도시적 차원의 사업에서 다루어지는 공공 디자인은 조직과 역할이 중요하다고 할 수 있다. 조직에는 행정과 전문가, 그리고 실제로 사용하는 주민들이 포함되어야 할 것이다. 그러나 가장 중요한 것은 전문가의 아이디어와 실천적 방안들이 존중되어야 할 것이며 이점이 가장 중요하다.

제주형 경관계획은 일종에 제주도를 리모델링으로도 표현되기도 하지만, 굳이 거창하게 리모델링이라고 표현하기보다는 제주형 경관이라는 것은 지역의 문화를 가꾸어 가는 것, 살기 좋은 지역을 만들어 나가는 것이라고 생각된다. 초라하고 보잘 것 없지만 그 지역의 오랜 역사적 의미가 있는 건축물이라든지, 그러한 공간을 잘 보존하려는 노력, 그리고 자신의 집 앞에 꽃길을 형성하려는 노력, 간판하나도 개성 있는 것으로 장식하려는 노력, 이와 같은 노력들이 모여 이른바 제주적인 경관을 연출해 내는 것이라고 생각된다.

그런 의미에서 주민과의 관계설정이 중요하다고 생각되며, 일본의 마찌쯔쿠리(마을 만들기)는 기본적으로 마을을 지역성 있게 가꾸어 가기 위한 실천적인 운동의 사례라고 할 수 있다. 주목할 점은 행정과 전문가, 그리고 지역주민들이 참여하고 있으며 주민들이 주도적으로 이끌어 가는 점이다. 도시계획이란 행정과 전문가, 주민들의 합의가 있어야 가능한 일이다. 시민 자발적 참여유도 방식에는 크게 간접적인 방식, 즉 시민을 대상으로 하는 다양한 도시 및 건축 관련 프로그램이 제공(박물관대학 등)과 행정기관의 적극적인 홍보가 필요하다.

아울러 직접적인 방식으로는 일본에서의 경관형성주민협정방식 등이 좋은 사례가 될 것이며 경관육성(형성)주민협정은 토지 혹은 건축물의 권리자가 경관육성(형성)에 대해서 약속을 하는 것이다. 이는 지역의 경관육성(형성)을 추진하기 위해 그 지역에 거주하는 주민들이 어떠한 마을을 갈 것인가, 스스로 생각하고 목표를 설정하여 노력해 나가는 것이 효과적이라는 생각이 저변에 있다.

인용사진

삶의 질은 도시기능과 시각적 풍부함과 밀접한 관계성을 갖고 있다. 그리고 도시기능과 시각적 풍부함은 도로와 건축물의 유기적 조화성, 그리고 개별 건축물의 아름다움이 서로 어우러졌을 때 가능한 것이다. 여기에 과거와 현재의 시간적 혼재, 그리고 미래를 향한 도시기능의 발전적인 계획이 있을 때 도시의 기능과 시각적 풍부함은 더욱 의미를 갖게 되는 것이다. 그래서 건축(건조물)을 그 시대의 거울이라고도 하며 문화의 상징이라고도 한다.

특별자치도, 국제자유도시의 궁극적인 지향점은 문화라는 키워드를 중심으로 거리의 문화, 건축의 문화, 제주의 전통문화라는 것을 만들어갈 수 있는 여건을 조성하는 것이 중요하다. 이는 시민의 삶의 질적 문제, 도시의 정체성, 지속가능한 도시의 체계 등등 모든 문제를 포함하는 함축적인 의미를 가진다고 생각된다.

이러한 환경이 조성될 때 제주의 세계자연유산은 인공적인 도시환경과 절묘히 어우러진 아름다움을 유지하게 될 것이고 또한 제주의 자연유산이 아니라 세계의 자연유산으로서의 가치를 유지할 수 있을 것이다.

23. 특별자치도와 혁신도시 소고(小考)

중앙 일간지에 혁신도시에 관한 기사가 게재된 적이 있다. 지방으로 이전하는 혁신도시에서 가족동반에 대한 설문조사의 결과, 30%정도에 지나지 않는다는 내용이었다. 혁신도시 중에서 가장 먼저 기공식을 가진 제주의 혁신도시추진사업에서 고민하여야 할 부분인 것 같다. 그리고 혁신도시조성 사업완료 이전에 풀어야 하는 과제도 남아있다. 가장 시급한 과제 중의 하나가 제주지역발전을 위해 어떠한 기능의 혁신도시로 이끌어 가야 할 것인가의 문제다. 이외에도 인접한 서귀포 신시가지와의 연계성과 추진과정에서 도출된 지역주민과의 갈등 문제 해결, 이전(移轉) 공공기관의 가족들이 제주에서 정주(定住)를 높이기 위한 프로그램 개발 문제 등의 과제가 남아있다.

사실 해당지역으로의 공공기관 이전이 기능상 필요에 의해 자발적으로 이루지 것이 아니라 타의에 의한 공공기관 이전이기 때문에 실효성에 대한 의문이 제기되었고, 게다가 혁신도시의 추진과정에 있어서 지방으로 이전하는 공공기관을 특정한 지역에 입주시키는 부분이 합당한지 아닌지 논란이 되기도 하였다. 공공기관을 한 곳에 밀집시킴으로써 얻어지는 효과라고 한다면, 주민의 편리성보다는 혁신도시라는 사업추진상의 편리성과 완료후의 행정적인 편리성은 확보할 수 있을 것이다. 그러다 보니 지역적 특성과의 관련성도 떨어질 수밖에 없을 것이다. 제주시 시민복지타운의 건립 사례에서 알 수 있듯이 특정지역으로의 이전을 통한 직접적인 시민의 복지향상에는 한계가 있을 수밖에 없다. 그럼에도 불구하고 새로운 도시건설을 위해 적지 않은 예산을 사용하여야 하는 불합리한 측면도 있다.

이러한 문제점을 극복하고 진정한 혁신프로그램이 작동하는 도시, 도서(島嶼)지방이라는 제주지역의 특수성이 반영된 혁신도시 건설에 있어 신중한 검토가 이루어져야 할 점 3가지를 강조하고 싶다.

첫 번째는 혁신도시의 성격이다. 공공기관의 이전을 통해 제주 지역에 혁신의 바람을 줄 수 있는 프로그램이 있는지에 대한 고민이 필요하다고 생각된다.

앞으로 지역 내 균형발전을 위한 혁신도시가 되기 위해서 제주도 차원에서는 특별자치도의 추진전략과의 관련성을 어떻게 이끌어 낼 것이며, 이미 제시된 광역도시계획의 차원에서 산남의 거점도시로서 혁신도시가 어떠한 기능을 할 것인가 등에 대한 명확한 방향 설정이 중요하다. 한편 지역적 차원에서 볼 때는 신시가지와 구 도심과의 관계에서 기형적인 도시성장이 되지 않도록 어떻게 관리할 것인가에 대한 방향설정이 중요하다고 생각한다.

둘째는 개발방식의 문제이다. 인문 사회적 가치와 자연환경의 가치를 존중하기 보다는 모든 것을 철거해 버리고 그 위에 도로와

건축물, 그리고 새롭게 조경으로 채워왔던 기존의 개발 방식이 아닌 자연의 조건을 그대로 활용하면서 효율적인 도시를 만들어 가는 개발이 중요하다. 제주개발센터의 예례동 휴양형 주거단지, 첨단과학기술단지의 조성에서 보듯이 지형을 완전히 밀어 버리고 새롭게 만들어 가는 방식이 되지 않도록 하는 것이 중요하다.

특히 저층으로 규제받아왔던 신시가지에 인접하게 될 혁신도시에 고층 건축물군이 들어섬으로써 형평성의 문제와 경관문제, 주거환경의 쾌적성 확보 등이 문제로 남아있다.

셋째, 이전 공공기관 종사자의 많은 가족들이 제주지역에 이주할 수 있는 프로그램 추진이다. 제주지역의 가장 큰 이점은 자연환경과 높은 교육열이다. 이를 적극 활용하여 종사자의 가족들이 이주하고 싶어하는 환경을 조성하여야 할 것이다. 즉 이전 공공기관의 종사자와 그 가족을 위한 쾌적한 환경조성을 위해 혁신도시가 들어설 지역의 지형적 조건이 반영된 개성 있는 공간구획과 건축물의 형성을 통해 아름다운 제주의 풍경이 담겨지는 혁신도시조성이 중요하다. 또한 이들을 지원하기 위한 교육환경과 일정기간동안의 세제혜택 등 다양한 지원프로그램도 필요하다고 생각된다.

앞으로 제주혁신도시 추진에 있어서 적지 않은 어려움이 있으리라 생각된다. 혁신도시의 프로그램이 잘 구성되고 추진되어 제주의 발전에 원동력으로 작용하기를 기원하며 먼 훗날 크게 변해 있을 제주의 모습을 그려본다.

제3장

제주의 건축과 가로풍경

03

가로환경(街路環境)은 물리적 환경으로서의 경관뿐만 아니라 그 지역의 문화와 역사가 담겨져 있어야 하는 것이다.

좋은 길은 좁을수록 좋고 그런 길일수록 사람과 자연의 체취를 느낄 수 있는 길이라는 것을 인식하고 가로(街路)를 계획할 때 보다 신중히 고려해야 할 것이다. 그러나, 가로(街路)를 따라 전개되는 제주의 역사와 삶의 흔적을 보존하고 문

화적 자산으로 계승하기 위한 노력은 부족하다.

1. 제주 현대건축개관*

건축은 형태와 공간적 기능을 통하여 그 시대의 사회적 변화 요인, 지역적 제반조건과 同時代 사람들의 삶을 반영하는 역사적 산물이다. 이러한 장소성과 역사성이 가장 잘 표출되고 있는 지역이 바로 제주도일 것이다.

일반적으로 제주의 전통건축을 단순히 형태적 논리로만 평가하는 경향이 있으나 제주 건축이 가진 아름다움은 건축과 풍경이 어우러지는 점이다. 즉 제주의 전통건축은 멀리 한라산의 영봉(靈峰)이 보이고 바다의 수평선이 펼쳐지는 원풍경(遠風景), 그리고, 마을어귀에서 바라보는 완만한 곡선의 초가지붕들이 겹겹이 중첩되면서 연출되는 중풍경(中風景), 그리고 올래를 따라 진입하면서 느낄 수 있는 완만한 곡선과 높은 담장의 집을 중심으로 한 울안의 근풍경(近風景)으로 되어 있다.

인용자료 : 제주도(1996), 「제주100년 : 도승격 50주년 기념 사진집

아울러 제주적인 삶의 문화는 건축양식에 있어서도 잘 내포되어 있다고 할 수 있다. 먼저 주

---

* 본 내용은 김태일(2005), 『제주건축의 맥』(제주대학교 출판부)의 내용일부를 재편집한 것임.

택내부의 공간구성을 보면, 제주 전통건축에 찾아볼 수 있는 가장 두드러지는 특징은 건축물의 배치방법이다. 즉 하나의 울타리 안에 부(父)·자(子) 2세대가 가계와 경영을 달리하는 형태의 비슷한 간살이를 두채 별동으로 배치하는 형식으로 이를 안가리(안채)와 밖거리(바깥채)라고 부른다. 이러한 배치가 제주도 주택의 기본형이 되어있다.

이와 같이 울안은 마당을 중심으로 가족적 관계를 견지하면서도 철저한 세대구분을 하는 안거리와 밖거리의 공간적 계층화를 이루고 있는데, 진입방법에 있어서 『올래(유도공간)』, 『올래목(전이공간)』, 『안마당(주공간)』이라는 삼분할적(三分割的) 공간구성으로 되어 있는 것이 큰 특징이라고 할 수 있다.

그러나, 시대가 변하고 또한 생활양식 변하고, 世代를 이어가는 사람들의 가치관이 변하면, 건축양식 또한 변해가는(혹은 변해갈 수밖에 없는) 것이 건축적 속성이라고 할 수 있다. 제주도와 제주인은 해방이후 시대적 정치적 상황에 따라 타의적으로 변화되었거나, 혹은 스스로의 생존을 위하여 변화를 추구하면서, 역사성과 장소성이 강한 제주건축의 변화와 현대건축의 유입이라는 양면성을 지닌 채 오늘에 이르고 있다.

본격적인 제주의 변화는 1961년 5·16군사정권 이후부터라고 할 수 있다. 60년대의 개발은 5·16군사정권이 들어서면서부터 제주도에 최초로 아스팔트도로가 건설되고, 간이상수도가 설치되었으며, 이것은 1970년대 개발의 원동력이 되었다. 이러한 제주개발을 두고 물의 혁명, 길의 혁명이라고 표현되기도 하였다. 제주지역에 본격적으로 콘크리트구조물이 도입되기 시작한 것도 1970년대에 들어서면서부터 이며 이후 건축물의 고층화, 고밀화가 이루어지기 시작하였고 그로 인한 도시경관의 훼손문제와 제주건축의 지역성에 대한 비판이 1980년대부터 제기되기 시작하였다.

짧은 시일에 제주건축의 지역성을 찾기란 그리 간단한 것은 아니지만 이러한 사회적 배경 속에서도 제주특별자치도 건축사회, 한국건축가협회 제주지회를 중심으로 지역성에 대한 건축적 논의가 이루어져 왔고 몇몇 지역 건축가에 의해 실험적으로 시도되어 오고 있는데, 콘크리트구조물의 도입으로 크게 변하기 시작한 1970년대 이후의 제주 도시건축의 시대별 변화를 정리해 보고자 한다.

① 1970년대 : 제주건축의 지역성·향토성의 태동기

정부는 제주도를 관광지개발에 정책적 중심을 두어, 1972년 제주도 종합개발계획단을 구성하여 1973년 제주도종합개발계획(1973~1982)을 발표함으로서 본격적인 관광지로서의 제주개발이 시작되었다.

특히 1974년 2월 박정희 대통령의 제주도 연두순시에 논의되었던 제주시의 신제주 건설이 가시화되기 시작하였고 당시 정부중심으로 적극적으로 추진되었던 농촌지역의 새마을 운동의 지붕개량사업과 취락구조 개선사업에 의해 제주의 주거환경이 크게 변하였다.

그러나 관광을 중심으로 하는 지역개발의 분위기가 무르익어가던 당시의 분위기와는 달리 지역성에 대한 건축적 논의는 거의 이루어지지 못하였던 사회적 분위기 속에서 제주건축의 지역성이 거론되기 시작하였던 것은 1975년 이후 당시 언론의 사설을 통해서였다. 당시 사설을 통해 각계에 있어서 제주 건축에 대한 강한 애정과 관심을 이끌게 하는 계기가 되었으며 제주성, 지역성, 향토성에 대한 많은 고민을 시작하게 하는 원동력이 되었다는 측면에서 큰 사회적 역할을 하였다고 할 수 있다.

이러한 시대적 상황 속에서 짐작할 수 있듯이 이 시대의 건축물은 관광시설물이 대부분으로 뚜렷한 작품이 없으나, 당시 젊은 건축가였던 김석윤 선생이 제시한 주택은 나름대로 향토성에 대한 고민하고자 노력했던 건축물로 평가할 수 있다. 그는 제주 초가의 잠재력을 파악하여 현대주거의 양식으로 수용될 수 있는 합일점(合一点)을 모색해야 한다고 주장하고 제주 전통건축에서 찾아볼 수 있는 분화 조직된 외부공간, 「올래→안마당→안뒤」의 구성수법 이라든지, 육지부의 전통건축에서 찾아볼 수 없는 자유로운 평면구성, 그리고 한라산의 곡선이 응축된 듯한 완만한 초가의 곡선지붕이 암회색의 토담과 추녀벽으로 마디지며 띄어진 수법 등을 제시하였다.

한편 60년대와 70년대의 관광지 개발붐은 제주지역의 낙후성 탈피와 지역경제의 활성화라는 측면에서 평가하여야 하겠지만, 개발 그 자체가 도민 주체가 아니라 중앙정부와 타 지역민의 자본에 의하여 주도된 것이었기 때문에 계층 간의 괴리감과 함께 건축의 지역성·향토성 상실로 이어지는 부정적인 측면도 안고 있었다.

② 1980년대 : 제주건축의 지역성·향토성의 모색기

1980년대에는 비교적 대형건축물이 많이 건축되었고, 70년대의 무비판적 개발에 대한 반성으로 제주건축의 지역성과 향토성에 대하여 서서히 관심을 가지기 시작하게 된 것도 바로 이 시기라고 할 수 있다.

지역성·향토성에 대한 자각은 1982년 2월에 정규대학 출신의 건축사들이 한국건축사협회 제주지회 결성으로 이어지면서 지역건축문화를 주도하는 건축 집단으로 존재하게 되었다. 행정기관에 있어서도, 지역적 건축문화의 형성을 위한 작업으로 건축미관심의를 실시하고, 지역건축문화의 정착을 위해 우수미관주택상(1981), 제주특유주택설계공모전(1982~1984), 그리고 제주도 향토성 건축 보급방안연구(1987) 등을 실시하기도 하였다.

이와 같은 민관(民官)의 지역적 건축운동은 전통적인 제주의 건축 재료인 현무암, 송이의 사용을 통한 지역성 표출을 위한 실험적 모색이 두드러진 시대라고 할 수 있다.

③ 1990년대 : 제주건축의 지역성·향토성의 전개기

1990년대의 특징 중의 하나가 건축을 문화적 요소로 인식하기 시작하였다는 점이다. 그 일환으로 제주건축문화대상과 건축문화상, 주거건축 표준도면의 공모전 등이 시행되기 시작하였다. 입상한 작품들의 성향을 보면, 제주의 지역적 전통요소에 대한 재해석을 통하여 나름대로 건축 언어성을 구사하고자 하는 흔적이 엿보이고 있으며, 건축평면에 있어서도 전통적인 공간구성기법을 도입한 작품이 두드러지게 나타나고 있으나, 1980년대부터 이어져 오는 전형적인 제주건축의 형태적 언어성 표현의 한계를 넘지 못함 이 솔직한 심정이다. 이와 함께, 제주건축의 보급을 위해 실시된 이들 공모전 작품의 선정기준은 ①도시경관으로서의 건축, ②미래지향적 건축, ③제주적 삶과 표현이 깃든 건축에 두고 있으나, 보다 명확한 원칙설정이 또 하나의 과제로 남아있다고 할 수 있을 것이다.

그러나 다른 측면에서 볼 때 1990년대의 전반적인 작품의 성향에 있어서 지역적 전통에 대한 재해석과 함께 다양한 건축언어요소를 적용하기 시작하였고, 송이 벽돌 등 다양한 마감 재료에 있어서도 사용하기 시작하는 등, 제주건축의 새로운 모색이 시작되었다는 긍정적인 평가도 할 수 있을 것이다.

④ 2000년대 : 제주건축의 지역성·향토성의 정체기(停滯期)

2000년대에 들어 제주의 도시와 건축의 모습을 크게 변하게 한 큰 계기는 집합주택단지의 조성과 그린벨트지역의 해체 그리고, 규제완화에 따른 고층사무소의 등장을 들 수 있다.

1990년대 말부터 시작된 집합주택단지의 조성은 주택수요의 증가에 대응하고 주거환경을 개선하기 위한 방안으로 추진된 것이었다. 그러나 대규모 단지가 조성되면서 고층화, 고밀도의 주거건축이 등장하게 되었다는 점이다. 대표적인 것이 제주시 연동지구와 노형지구의 집합주택단지를 들 수 있다. 이들 대규모 단지의 건설은 쾌적하고 안정적인 주거환경을 조성하였다는 긍정적인 측면도 있으나 제주 도시경관의 개성을 상실하게 하였다는 부정적인 측면이 더욱 크다고 할 수 있다.

특히, 규제완화에 따른 도심지역에서의 사무소 건축의 고층화가 현저히 늘어나면서, 경관적인 문제와 교통문제 등 많은 사회문제를 야기 시키고 있다. 이와 같은 갑작스러운 고층화는 자연히 건축물과의 부조화 속에 장기적으로 주변지역을 고층화하는 압력요인으로 작용하게 되어 장래 많은 변화가 예상된다.

우리들의 삶의 터전인 도시공간에는 주택을 확보하고 거주환경을 확보한다는 논리아래, 높은 고층건축물들이 들어서고 있어서 마음의 안식처인 한라산과 도시내 아름다운 오름들을 가리는 장벽이 되고 있다. 건축물 주변에는 돌담대신 콘크리트 블록으로 부지의 경계선이 만들어져 도시화에 따라 변해가는 사람들의 인심만큼이나 변해가는 제주풍경의 현실이다.

2. 건축문화를 통한 국제교류의 가능성과 과제

2002년부터 제주특별자치도 건축사회와 오키나와현 건축사회 사이에 국제교류협정을 위한 자매결연협정식이 이루어져 현재 활발한 교류가 이루어지고 있다. 단순한 우호증진을 위한 결연이 아니라 제주와 오키나와가 경험한 근대사의 아픈 역사적 배경과 음식문화, 그리고 건축문화의 유사성 등 상호 문화적 이해를 바탕으로 보다 발전적인 건축문화를 창출하기 위한 것이 주요 목적이었다. 이러한 국제 교류행사를 통해 한반도의 작은 섬, 제주가 가진 무한한 발전의 가능성을 일본 건축사들에게 홍보하는 좋은 계기가 되었고 특히, 건축이 가지는 사회적 문화적 중요성과 아울러 건축을 통한 교류의 가능성을 다시 한번 확인할 수 있었다.

건축은 우리들의 일상적인 생활공간이기도 하거니와 그 지역의 아름다움을 새롭게 창출해 내는 문화경관의 요소이고 나아가 문화적 의식수준으로 평가받는 지표이기도 하기 때문에 지속적인 지원과 관심이 필요하다. 흔히들 건축은 문화라고 이야기하지만, 진정한 의미에서 제주에서는 건축이 문화라고 인식하고 있는 시민이나 건축분야의 종사자들이 얼마나 있을 런지 의문스럽기도 하다. 제주 국제자유도시, 평화의 섬, 그리고 사랑받는 세계인의 도시 제주시 등 지금 제주에는 크고 작은 정책적 슬로건을 내걸고 있다. 그러나 세계인이 주목하고 국제적인 도시가 되기 위해서는 문화로서의 건축에 대한 의식과 지원이 뒤따르지 않으면 헛구호에 지나지 않을 것이다. 그런 측면에서 볼 때 제주와 오키나와와의 건축을 매개로 한 국제적인 교류는 인적인 교류와 아울러 문화적인 교류, 그리고 건축기술의 습득 등 매우 유익한 건설적인 교류의 가능성을 우리들에게 시사하고 있다. 국제화를 지향하는 제주가 더욱 거듭나기 위해서는 건축문화의 질적 향상이 무엇보다 중요하고 또한 제주의 건축문화의 차원을 이제 한 단계 높이기 위해 다음과 같은 지원과 관심이 절실히 요구된다.

먼저, 건축교류의 심화이다. 제주와 유사성을 가진 주변국가의 지역을 중심으로 교류를 확대해 가는 것이 진정한 국제자유도시로 향하는 지름길이 아닌가 생각한다. 전혀 유사성이 없는 지역과의 교류는 상호 이해와 증진에 있어서 상당한 시간이 소요될 뿐만 아니라 교류를 통해 얻을 수 있는 문화적 혜택을 얻기에도 어려움점이 많기 때문이다. 상호 공통점이 많기 때문에 이해의 폭과 깊이가 클 것이고 이를 통해 창출되는 문화 교류의 혜택을 상호 공유할 수 있기 때문이다.

둘째, 젊은 건축가의 육성이다. 지금의 세대가 교류를 위한 환경의 기반을 구축하는데 노력했다면, 다음 신세대는 교류를 더욱 성숙하게 이끌어갈 세대이다. 이를 위해서는 젊은 건축가에 대한 배려와 참여를 이끌어 내도록 환경을 조성하여 인적 자원을 육성하는 것은 교류추진에 있어서 매우 중요한 것이다.

셋째, 도시 건축행정의 참여와 이들에 대한 적절한 대우이다. 건축 관련단체 사이에 건축을 매개로 한 활발한 국제교류의 전개 못지않게 도시건축분야의 공무원의 역할도 상당히 중요하다.

그러나 과거부터 지적되어왔던 행정직과 토목직의 높은 비율에 의한 업무의 효율성과 전문성에 대한 지적이 있어왔듯이, 이제 제주의 행정조직상의 중요한 정책결정 라인에 있어서도 우수한 인재가 전문적인 건축 업무를 수행할 수 있도록 건축직에 대한 배려가 필요할 때이다. 아울러 이들 건축직에 대한 직무능력의 향상을 위해 국내외에서의 연수 혹은 해외시찰의 기회가 가능한 한 많이 주어져 이들의 경험이 제주건축을 육성해 가는데 반영될 수 있도록 정책적 배려도 필요할 것이다.

넷째, 제주도시건축연구에 대한 지원확대다. 외형상으로는 활발한 제주 연구가 진행되고 있으나 실제 대상이나 깊이에는 한계가 있는 것이 우리의 현실이다. 제주의 전통건축에 대한 연구뿐만 아니라 자연환경, 생태, 디지털, 정보화, 도시화, 고령화 등등 현재와 미래에 있어야 할 건축의 바람직한 모습에 대한 연구와 고민이 있어야 할 것이고, 이에 대한 연구의 지원도 필요할 때이다.

필자의 소견이지만, 적어도 이들 요건이 충족된다면 제주의 도시건축문화수준은 크게 향상될 것이고 자연히 제주도시와 건축의 풍경은 세계인의 기억에 남지 않을까 기대해 본다.

3. 건축이라는 직업

오래전에 방송되어 인기를 끌었던 오락 프로그램에 러브하우스라는 작은 코너가 있었다. 말 그대로 사랑이 넘치는 집이라는 뜻인데 개인적인 사정이 여의치 않아 집의 개보수가 어려운 가정의 주거공간을 건축사가 자원 봉사하여 설계도면을 무료로 그려주고 건축 관련업체가 자재를 기부하여 새롭고 아름다운 집을 만들어주는 프로그램이다. 아마 이 프로그램을 통해 수많은 사람들이 건축은 매력적이고 사랑이 넘치는 낭만적인 직업이라는 인상을 강하게 받았는지 모르겠다. 게다가 주인공이 건축사로 등장하였던 모 방송국의 드라마 "애인"에서는 건축사인 주인공과 유부녀와 로맨스가 세간의 화제 거리가 되기도 하였다. 드라마이기는 하지만 낭만적이고 경제적으로 여유가 있는 직업으로 인식되는 건축사의 직업 이미지로 반영된 것 같다는 생각에 같은 건축분야에 종사하는 하는 필자로서는 조금 씁쓸한 느낌마저 들었던 기억이 있다.

그러나 직업이라는 관점에서 건축계의 현실을 보면 잡지책이나 텔레비전의 드라마에서 등장하는 건축분야의 종사자와는 다소 다른 현실이기에 오히려 혼란스럽고 안타까운 것이 솔직한 필자의 느낌인지 모르겠다. 건축에 종사하는 대표적인 건축 관련 종사자라고 한다면 건축사, 건축직 공무원, 그리고 건설사를 들 수 있는데 필자가 접하는 이들의 삶이라고는 잡지나 드라마에서 보는 낭만적이고 로맨틱한 직업은 아닌 것 같다.

인구 55만 명의 한정된 인구와 제한적인 산업구조를 가진 제주도내의 건축사무소는 거의 120여 업체가 넘는다고 한다. 대부분의 건축사무소는 제주건축을 새롭게 해석하고 창출하려는 부단한 노력을 기울이고 있다. 오락프로그램의 "러브하우스"나 드라마의 "애인"의 주인공만큼이나 건축사는 아름답고 멋진 직업이라 생각하지만 의욕이나 이미지와는 달리 아직 사회적 인식이 낮아 어려움이 많다고 한다. IMF이후 경쟁하듯이 평당 설계비를 낮게 하여 출혈 수주를 하다 보니 약삭빠른 건축주는 여러 곳의 설계사무소를 찾아다니며 기본도면을 그리게 하고 그 도면에 대한 정당한 대가를 지불하지도 않은 채 다른 사무소에 설계를 넘겨 실시설계도면을 의뢰하기도 하고, 설사 설계를 맡기더라도 평당 설계가격을 너무 싸게 가격책정하는 경우가 비일비재하다고 한다. 그러다 보니 자연히 건축도면이 부실해 질 수밖에 없고 완공되는 건축물도 볼품없는 건축물일 수밖에 없는 것이다.

디자인이라는 것은 새로운 것을 만들어 내는 창조적 작업이거니와 고도의 전문지식을 요구함에도 일반 구멍가게 수준으로 거래를 하니 건축사가 제대로 대접을 못 받는 사회이다. 덩달아 건설사의 직업도 소위 "노가다"라는 정체불명의 일본어로 비하되고 있는 것이 우리의 현실이다.

건축사라는 직종 못지않게 건축직 공무원의 서러움도 만만치 않는 것 같다. 도시계획분야라든지 건설분야는 업무의 성격상 도시라는 큰 틀 속에서 이루어지는 반면 건축분야는 일상생활공간인 건축이라는 매체를 통해서 이루어지기 때문에 일상적으로 지역주민으로부터 많은 민원이 발생할 수밖에 없다. 게다가 건축법과 도시계획법이 통합되어 국토의 이용 및 계획에 관한 법률로 변경되면서 도시와 건축분야를 넘나드는 건축직의 역할이 강조되고 있으나 행정기관의 조직상에는 도시건축정책을 아우르는 책임자급 전문 건축직 공무원에 대한 배려가 부족한 것 같다. 게다가 제주국제자유도시를 지향하는 제주이기에 국제적으로 통용되는 도시와 건축문화의 창출이 강조되고 있으나 진작 행정구조개편에서는 건축 관련 분야의 행정조직은 논외(論外)가 되었다. 언론이나 시민단체, 학계에서는 제주다운 경관이니 제주다운 건축의 필요성이 제기되면서 건축담당 부서가 뭇매를 맞고 있다. 이제 전문 건축직 공무원의 전진배치와 이들의 역할이 더욱 중요한 시기에 있다.

언론의 화려한 조명을 받았던 서울시의 청계천 복원사업은 다름 아닌 건축분야의 종사자가 주도한 프로젝트임을 잊어서는 아니 될 것이다. 다른 분야가 중요한 만큼이나 건축관련 종사자의 중요성도 인식해야 할 때이다. 그래야 국제자유도시라는 원대한 꿈을 꾸는 제주도의 미래가 있는 것이라 생각한다.

4. 디지털 교육과 아날로그 교육환경

5월은 가정의 달이기도 하지만 어린이의 달이기도 하다. 5월 5일에는 많은 가정에서 자녀들을 위해 각종 기념이벤트에 참석을 하기도 하고 선물을 준비하기도 한다. 그러나 365일 중 특별한 날에 어린이를 위해 소란스러운 행사를 하기 보다는 교육환경 그 자체가 어린이를 위한 배려로 조성되어 365일이 어린이를 위한 생활공간이 되었으면 한다.

맹자의 교육을 위해 맹자의 어머니가 세 번이나 거처하는 장소를 옮겼다는 고사성어인 맹모삼천지교(孟母三遷之敎)는 교육환경이 어린이들에게 얼마나 중요하며 특히 어머니의 역할이 얼마나 중요한가를 의미하는 말이다. 예나 지금이나 자녀에 대한 어머니의 사랑과 정성은 변함이 없다. 심지어 정도가 지나쳐서 치마 바람이라고 비난받기도 하지만 그런 사랑과 정성 속에서 교육받은 어린이들의 교육수준은 상당한 수준일 수밖에 없을 것이다.

그러나 유독 변함없는 것은 학교환경이다. 뒤돌아보면 우리 자녀들이 생활하는 주변 환경 특히 교육환경에 대해 너무 무관심한 것이 아닌지 한번쯤 되새겨 보아야 할 것이다. 사실 교육환경의 현실은 어떠한가? 불행하게도 우리들의 생활수준에 비해 교육환경은 그에 미치지 못한 것이 우리의 현실이다. 거의 모든 기존 학교는 크고 작은 도로에 둘러싸여 각종 소음에 시달리고 있고 게다가 학교 주변의 도로가 확장되고 넓어지면서 그나마 아름답게 교정의 풍경을 만들었던 학교의 돌담이 허물어지고 그 자리에 소음을 차단하는 철제 소음 차단벽이 대신하고 있다. 학교의 정문에는 바로 큰 도로가 접해 있어 교통사고의 위험이 높을 수밖에 없을 것이다. 게다가 수많은 어린이들이 등하교하는 보도는 어떠한가? 수백 명의 학생들이 지나는 길이라고는 하지만 너무 좁아 불편하기 짝이 없고 그나마 그 좁은 길에 전신주와 각종 교통 표시판이 차지하고 있으니 더욱 좁을 밖에 없을 것이다. 어린이들이 등하교하는 거리와 교정에는 여유 있는 공간이 없고 멋들어진 나무들도 없다. 취학아동 인구에 대하여 정확하게 예측하지 못해 증축을 반복해야 하고 그러다 보니 학교 건축물은 학교건축물이라고 보기에는 너무 초라한 모양에 현란한 색상의 건축물로 변해 버리기 십상이다.

기존의 학교는 그럴 수밖에 없다 하더라도 적어도 택지개발이 이루어진 지역의 학교건축물은 달라야 할 것이나 실상은 그러하지 못하다. 택지개발계획을 하면서 비싸게 매각할 수 있는 좋은 지역은 우선적으로 택지로 하고 매각에 불리한 지역에 학교시설을 두고 있으니 새롭게 계획된 주거지역이라고는 하지만 교육환경이 개선될 리 없을 것이다. 기존 학교와 같이 학교주변으로 도로가 둘러싸고 있고 좁은 보행로에 녹지공간이 없다. 초라한 모양과 색상으로 마감된 학교 건축물이 근엄하게 자리 잡고 있다. 새롭게 변한 것이라고는 위치가 새롭게 변한 것일 뿐이다.

어린이들의 교육수준은 디지털화 되어 있으나 여전히 아날로그화된 교육환경은 이제 개선되어야 할 것이다.

먼저 도시계획이나 택지개발에 있어서 도로나 택지가 우선적으로 배치되는 것이 아니라 학교부지 선정을 우선적으로 고려하여야 할 것이다.

둘째, 학교 부지를 도로가 둘러싸는 것이 아니라 녹지공간이 둘러싸 아늑하고 쾌적한 교육환경이 되도록 계획하여야 할 것이다.

셋째, 어린이들의 등하교 거리는 적당한 폭으로 계획되어 안전하고 편리하게 보행할 수 있도록 계획하여야 할 것이다.

넷째, 학교 건축물과 색상도 어린이들의 심리발달을 고려하여 아름답고 멋들어지게 디자인되어야 할 것이다.

다섯째, 교정과 옥상에 조그마한 생태학습장으로 조성하는 등 제주의 특색을 살려 학교시설물과 그 주변을 생태 환경적으로 조성하여 전원의 분위기를 연출함과 아울러 어린이들에게 자연환경의 소중함을 교육시키는 교육환경을 조성할 수 있는 세심한 배려가 필요하다.

5. 신바람나는 건축기술직 만들기

제주국제자유도시 추진에 따른 부작용과 추진방법 등에 대하여 각 분야에서 다양하게 논의가 이루어져왔다. 그런데 국제자유도시의 용어를 생각해 보면서 몇 가지 의문과 걱정이 앞선다. 「국제」, 「도시」라는 용어이다. 국제화, 정보화, 고령화가 현대사회의 커다란 흐름을 표현되고 있듯이, 지구촌 사회의 변화에 능동적으로 대응한다는 점에서는 「국제」적인 도시추진은 고무적인 일이다.

문제는 「도시」이다. 국제화에 걸 맞는 도시를 어떻게 만들 것인가에 대한 진지한 논의는 거의 이루어지지 않고 있는 것이 현실이다. 단순히 사람과 물류의 자유로운 이동만이 국제화된 자유도시가 될 수 없는 것이다. 누구라도 언어의 장벽이 없이 쾌적하고 아늑한 주거환경 속에서 자유롭게 거주할 수 있는 곳, 그런 곳이 국제자유도시의 기본인 것이다. 이러한 측면에서 외국의 도시와 비교해 볼 때 제주의 도시는 거주환경으로써는 그다지 좋게 평가받지 못할 것이다. 자동차 중심의 도로망, 단절된 도시녹지공원, 콘크리트 구조물만이 덩그러니 자리 잡은 보도, 제주인지 육지의 도시인지 알 수 없는 무표정한 도시건축물이 제주의 모습을 잃어 가게 하고 있다.

도시를 이루는 기본 요소는 도로와 건축물이다. 다시 말하면, 도로와 건축물이 조화를 이룸으로서 도시 본래의 모습이 나타나게 되는 것이다. 굳이 국제라는 거창한 용어를 사용하지 않더라도 많은 사람들이 알고 있는 세계 유명도시들을 연상하면 쉽게 이해할 수 있을 것이다. 싱가폴의 이미지는 깨끗하고 아름다운 항구도시로 연상하거나, 시드니를 연상하면 푸른 바다 위에 떠있는 오페라 하우스와 주변의 아름다운 건축물을 연상하게 한다. 건축을 모르는 사람들이라도 파리에 가면 반듯이 에펠탑을 보러 가는 것도 그 곳에는 아름다운 건축물과 매력적인 풍경이 존재하기 때문이다. 우리들이 비싼 경비를 들여가며 외국관광을 하러 가는 국가나 지역을 자

세히 들여다보면 아름다운 도시의 풍경과 독특한 건축물을 보러 가는 것이다. 오래전에 미국의 샌프란시스코와 캐나다의 밴쿠버를 방문하는 기회가 있어서 두 도시의 둘러보며 부러움과 동시에 우리 제주의 도시는 어떠한 문제가 있는가를 생각하게 되었다.

우리 제주의 현실을 보면, 도로는 있으나 건축은 없고 그나마 건축도 육지부 어느 도시와도 같은 모습이어서 제주 고유의 아름답고 소박한 이미지를 찾을 수 없다. 참으로 안타까운 심정이다.

왜 이러한 현상이 발생하고 있는가를 곰곰이 생각해보면, 여러 가지 복합적인 문제가 내재하고 있겠지만 가장 큰 문제는 역시 인적자원의 문제인 것 같다. 요컨대 많은 경험과 지식을 겸비한 건축 및 도시분야의 전문기술직 공무원이 부족한 것이다. 게다가 기존의 전문기술직 공무원마저 적재적소에 배치되지 못하고 있거나 그러한 전문기술직 공무원을 육성하지 못하고 있는 것이 우리나라의 현실이다.

우수한 인재를 확보하기 위해서는 신바람나는 업무환경을 만들어야 한다. 일에 대한 성취감과 보람도 느낄 수 있고, 그에 따른 보상과 승진도 있어야 할 것이다.

우리나라 행정조직 모든 분야에서 인사적체(人事積滯)의 문제가 있지만, 특히 건축분야는 제주도의 지역적 특성상 중요한 행정 분야임에도 불구하고 현안분석 및 정책수립 등에 있어서 주도적으로 집행해갈 수 있는 건축행정조직과 건축기술직이 부족한 것이 현실이다. 굳이 국제자유도시를 추진하기 위해 건축기술직이 더 필요하다는 논리가 아니라 제주의 상징인 한라산의 원풍경, 유채꽃과 돌담길이 조화롭게 어우러진 거리, 제주의 개성적인 건축언어로 장식된 건축물이 어우러진 살기 좋은 도시를 형성하기 위해서라도 도시 및 건축행정분야의 기능강화와 전문적인 건축기술직이 존경받고 신바람나게 일할 수 있는 업무환경조성이 필요한 시점이라고 생각된다.

이러한 측면에서 도(道)와 시(市)의 도시 및 건축, 행정조직뿐만 아니라 국제자유도시 추진 업무를 담당하고 있는 부서에도 많은 전문적인 건축기술직이 배치되어 국제적인 도시를 만들 수 있는 환경을 조성할 수 있기를 기대해 본다.

6. 어느 건축인의 새해 꿈

뒤돌아보면 새 천년을 맞이한다며 온 세계가 들썩이던 것이 엊그제 같은데 벌써 수년이 흘렀다.

새 천년을 맞이하였던 2000년에는 선진국들이 경쟁이라도 하듯

기념비적인 건축물을 건축하여 국가의 부(富)와 기술력을 과시하였다. 이러한 건축물이 세워 질수 있는 것은 건축을 문화의 한 부분으로 인식하는 사회적 분위기가 정착되어 있기 때문이다. 먼 훗날 후손들이 자랑스럽게 생각할 문화 유산물을 남겨둔다는 생각으로 거대 건축물을 남긴 것이다. 건축분야에 종사하는 한 사람으로 그저 부럽기만 할뿐이었다.

2002년은 유엔이 정한 '세계유산의 해"였다. 세계문화유산의 보존을 담당하고 있는 국제연합 교육과학문화기구(UNESCO)에서는 약 30년 전 세계문화유산 및 자연유산 보호에 관한 협약에 따라 세계 각국에 산재해 있는 문화유산과 자연유산을 지정관리하고 있다. 유산으로서의 가치를 문화와 자연에 초점을 두고 있는 것이다.

문화란 생활의 이상(理想)을 실현하려는 활동과정의 산물인 것이다. 이러한 측면에서 볼 때 건축은 인간들의 생활공간인 반면에 한 시대의 모습을 전하는 문화적 요소의 성격이 강하여 흔히들 건축문화라는 부르기도 한다.

그러나, 공간만이 건축은 아니다. 인간의 생활, 사회생활 등을 지탱하는 기반으로서의 공간과 그것에 부속하는 기능, 그 공간을 지상에 구체화하여 정착하게 하는 물체로서의 건축물이 있는 것이다. 건축물이 내구성을 상실하게 되면 그것을 기반으로 하는 공간은 소멸할 수밖에 없다. 특히, 역사성과 기념비적인 성격이 강한 건축물일수록 구조체의 내구성이 중요한 요소라고 할 수 있다.

그러나, 구조체가 노쇠화하면 건축은 사라져질 것 같으나 그렇지도 않은 속성을 가지고 있다. 건축에는 역사적인 각 시대의 사람들이 형성하여 온 양식, 사회적 요구에 의한 공간제작의 필연성과 형태, 그리고 기술이 함께 스며들어 있다. 이쯤 되면, 건축을 구성하는 소프트웨어, 즉 사회적 존재의 필연성만이라도 계속된다면 구조체는 소실되어 없어져도 건축은 생존하게 된다고 해도 무방할 것이다.

건축이 문화라고 이야기하면서도 진작 우리의 현실에 눈을 돌려보면 그저 아쉽고 답답하기만 하다. 대부분의 건축주는 건축사와 부지 위에 멋들어진 건축물을 어떻게 지을 것인가 함께 고민하기보다는 평당 얼마에 지을 수 있을 것인가가 중대 관심사이다. 문화적 요소보다는 경제적 요소가 우선인 것이다. 이러니 건축은 문화라는 교육을 받은 건축사라도 자연히 건축주의 무리한 요구를 수용할 수밖에 없을 것이다.

도시와 건축행정에 있어서도 지역성이나 장소성, 문화, 경관 등을 고려한 계획을 수립하지만 지속적이고 체계적으로 추진되지 않는 것이 많다. 게다가 건축주가 민원인이 될 수밖에 없으니 도로를 개설 확장하고 건축물의 고도를 완화하고 각종 규제도 자연히 완화

되는 것은 당연한 것이다. 이러한 풍토 속에서 우리들 삶의 공간이기도 하거니와 문화적 수준을 눈에 보이는 그대로 평가받게 되는 건축(물)이 문화로 평가되기에 한계가 있는 것이다.

새해 초, 모든 이들이 소박한 꿈이 이루어지기를 기원하듯이 건축인으로서 한 해의 희망을 가져본다. 선진외국처럼 거대한 기념비적인 건축물을 남기지 않더라도 세월이 흘러도 세대가 바뀌어도 오랫동안 남아 그 지역의 역사와 문화를 전달하는 메신저로서의 건축, 문화로서의 건축이 많이 만들어 지고, 그리고 건축사는 문화를 만들어 가는 전문가라는 사회적 인식과 존경이 정착하는 해가되기를.

8. 제주의 궨당문화와 건축문화 비판

제주적인 너무나 제주적인 풍경과 경치만큼이나 이 땅위에 살아온 제주사람의 의식과 생활문화 그 자체에도 독특함을 지니고 있는 것이 사실이다. 의식주의 문화가 독특함은 익히 알려진 사실이고, 인간관계에 있어서는 더욱 독특한 사회적 네트워크를 형성하고 있다고 할 수 있다. 그 대표적인 것이 소위 궨당문화이다. '궨당'은 친인척을 지칭하는 순수 제주어이다. 혼인관계를 통해 친인척관계를 형성하게 되고 이러한 관계는 섬이라는 한정된 공간에서 살아가면서 다양한 인적 네트워크를 형성하면서 경조사 및 사업 등에서 영향력을 갖게 되는 사회적 구조가 제주의 특징이다. 그 좋은 사례가 2007년 치러진 총선거에서 당선된 제주특별자치 도지사가 박빙으로 선거에 당선 되었을 때 언론에서는 '궨당의 힘'이 선거의 원동력이 되었다고 평가할 정도였으니 과히 제주의 궨당문화는 상당한 힘을 발휘하고 있다고 하여도 과언이 아닌 셈이다. 기본적으로 각종 경조사에서는 궨당의 힘이 더욱 발휘되어 주변 사람들에게 다양한 루트를 통해 경조사의 사항들이 전달하고 혹은 전달되어 많은 조문객 혹은 하객들을 끌어 모음으로서 슬픔과 기쁨을 함께 하고자 하는 제주사람들의 삶의 지혜와 인간관계를 엿볼 수 있다.

그러나 궨당문화가 반드시 긍정적인 면만을 갖고 있지는 않는 것이 현실이다. 이해관계가 놓여있는 사항인 경우, 오히려 부정적으로 작용하는 경우가 적지 않은 편이다. 더 나아가 친인척관계로 맺어지는 궨당문화가 새로운 형태의 궨당문화, 즉 단순한 이해 집단적 관계의 인적 네트워크로 변질되어 가면서 부정적인 결과를 만들어내고 있지나 않은지 우리들이 경계하여야 할 부분이 아닐 수 없다. 수년 전부터 건축분야에 있어서도 제주 특유의 궨당문화가 적지 않게 작용하여 왔고 지금도 그러한 측면이 많음을 그 누구도 부정하지는 않으리라 생각된다.

가장 심각한 것은 과거 비난 받아왔던 토착적인 궨당관계가 아니라 단순히 상호 이해관계에 따라 형성되는 이해적 관계의 궨당문화이다. 좁은 지역적 현실을 고려해 볼 때 학계의 전문가와 전문가, 혹은 학계전문가와 건축실무와의 사이에 은연히 형성되는 관계는 사실이든 사실이 아니든 지역건축가들에게 있어서 건축활동에 부담이 될 수밖에 없다. 여기에 지역건축가들에게 있어서 더욱 좌절감과 패배감을 안겨줄 수 있는 것은 육지부 혹은 제주지역 건축설계사무소 간의 협업적 관계를 통한 켄당관계의 형성이다. 파트너로서의 상호보완적 관계의 협업이 아니라 디자인을 일정한 금액을 지불하고 자신의 이름으로 건축작품을 내세우는 경우도 있다고 한다. 이러한 행위는 상업적 주종관계의 의한 소위 하청 디자인 행위이기에 심각한 문제가 아닐 수 없다. 문화적 생활공간의 창출을 지향하는 건축본연의 목적을 잊어버린 건축가의 윤리적 문제라고 할 수 있다.

제주건축의 문화적 낙후성을 초래하고 있는 사회적 배경에는 도시 및 건축행정의 조직성과 공무원의 건축에 대한 깊은 안목의 부족도 한몫을 하고 있다. 앞서 언급한 토착적인 켄당문화는 도시 및 건축행정에 있어서도 상당한 "보이지 않은 힘(조직)"이 형성되어 있어서 절대적 다수의 토목직과 소수의 건축직이 갖는 미묘한 역학적 관계와 업무부담은 제주의 도시와 건축을 기형적으로 만들어 가고 있는 원인 중의 하나이다.

그러나 건축이 갖는 본질적인 작업은 형태를 거창하고 폼나게 만드는 것이 아니라 생명체로의 인간의 활동을 담아내는 가장 기본적인 공간(空間)을 만들어내고 그 공간 속에 지역의 다양한 요소, 기후와 지형적 조건, 생산기술, 가족 등과 같은 문화적 요소들이 녹아 스며든 업그레이드 된 문화공간을 창출해 내는 것이다.

건축은 우리들의 삶의 가치와 흔적을 고스란히 담아 가면 진화해 가는 것이다. 그래서 그 시대의 역사적, 문화적 가치를 갖는 것이며 우리들이 건축을 시대의 거울이라고 평가하는 것도 이 때문인 것이다. 제주특별자치도, 그 이름에 어울리는 수준 높은 건축활동이 이루어질 수 있는 환경조성과 건축종사자의 역량을 높여 나가야 할 때이다.

9. 제주 4·3평화기념공원에 추모의 공간이 있는가?

한국과 일본은 가족제도와 사회흐름의 변화, 그리고 한자를 사용하는 문화적 특성 유사한 점이 많다. 국가의 차원을 넘어 지역적으로 본다면 제주와 오키나와는 섬이라는 지리적 특징, 주거와 음식문화, 특히 근대사에 있어서 국가권력에 의해 많은 주민이 희생되는 등 너무나 많은 유사한 점을 찾을 수 있다. 그래서 제주와 오키나와에는 평화를 기원하는 사업의 추진 등, 유사한 지역현안을 안고 있는 공통점도 있다.

제주사회가 안고 있는 많은 현안들 중에서 여전히 미완의 문제가 아마 4·3사건일 것이다. 오키나와도 태평양전쟁 당시 많은 주민이 일본군에 의해 희생당하는 등 상처의 아픔이 여전히 남아있다. 제주에서도 오키나와에서도 이제 오랜 세월이 흘러 당시의 기억이 흐려져 가고 있어서 당시의 상처를 후세에 전달하고 다시는 이러한 아픔을 경험하지 않도록 하기 위한 사업을 추진하고 있다. 대표적인 사업이 평화시설물의 건립이다.

그런데 제주와 오키나와의 평화시설 건립이념과 시설물에는 약간의 차이가 있다. 오키나와의 경우, 희생자를 각명한 비석이 놓인 평화의 초석과 오키나와현 평화기원자료관을 새롭게 건립하였다. 주목할 점은 전시제작에서의 공정한 역사적 사실에 대한 검증의 중요성을 인식하여 "평화기원자료관 감수위원회"를 설치하여 위원회의 감수 아래 전실설계가 이루어졌다는 점이다. 이는 역사적 사실에 대한 왜곡의 경계와 전쟁의 참혹함을 진솔하게 후세에 전달하고자 하는 의지라고 생각된다. 그럼에도 불구하고 태평양 전쟁을 미화하고 여전히 피해자로서의 일본을 의식하는 세력들에 의해 전시기법에 있어서 일본군이 총검으로 오키나와 주민을 위협하는 장면이 보호하는 장면으로 바뀌는 등 적지 않은 문제점도 안고 있는 것도 일본사회가 안고 있는 문제점이자 현실이다.

제주의 경우도, 1948년 4월 3일에 발생한 4·3사건은 과거 이념적 논의조차 하기 힘들었던 군사정권아래에서 잊혀져오다가, 50년이 지난 오늘에서야 공개적인 논의가 되고 있다. 냉전시대의 종결에 따라, 이제 반목과 갈등의 대립적 시대를 마무리하고 용서와 화합의 새천년을 맞이하기 위하여 국가차원에서 추진 중인 사업의 일환이라고 할 수 있다.

그러나 오랫동안 의욕적으로 추진되고 있었던 4·3평화기념공원사업은 4·3과 관련성이 적다는 점과 인근에 쓰레기 소각장이 있어서 추모장소로서의 적절성에 대하여 많은 문제점이 지적되었고 현재 전시물품의 미비와 구체적인 시설물의 공간구성과 전시기법 등에 대한 재검토가 이루어지고 있는 등 많은 문제점이 있다.

특히 4·3평화기념공원이 안고 있는 더욱 심각한 문제는 건축적 문제다. 망자(亡者)를 생각하고 영혼을 위로하며 평화를 기원하는 이념적 공간이라고 하기에는 시설물의 위치도 그러하거니와 기다란 진입로, 1년에 한번 행사를 위한 넓은 식전광장, 그리고 각명비와 위폐가 놓인 거대한 규모의 시설물은 추모 분위기를 만들기 보다는 방문자의 마음을 위축하게 만들기만 한다. 4·3평화기념공원의 넓은 부지위의 많은 시설물은 망자(亡者)의 넋을 달래고 추모하기보다는 지극히 보여주기 위한 구조물로서 단순한 공원으로서의 성격에 지나지 않는다는 점이다. 이는 오키나와현립 평화기원공원도 마찬가지다.

망자(亡者)를 기리는 기념공원이 갖추어야 할 점은 시설의 규모

의 문제가 아니다. 가장 중요한 것은 아까운 목숨이 정치적 이념의 차이와 무모한 전쟁으로 희생되었음을 영원히 잊지 않으며 동시에 다음세대에는 이러한 교훈을 영원히 전달하기 위한 평화시설물이다.

그 대표적인 평화시설물이 미국 워싱턴에 있는 베트남 참전기념관이다. 이 평화시설은 일반적인 기념관의 상식을 깨고 내부공간이 없는 단순한 외부 구조물의 기념관이다. 지면을 따라 서서히 내려가면서 베트남전에서 전사한 군인들을 기리는 기념물(각명비)이 서서히 전개되며 이 순간에 기념물에 새겨진 죽은 자의 이름 위에 산자(관람객)의 그림자가 교차됨으로서 영혼과의 교감과 추모의 마음이 발생하도록 의도되어 있다. 그리고 망자와 헤어지듯 산자는 다시 서서히 지면 위로 나가는 공간구조로 되어 있다.

불행하게도 여전히 평화시설물은 넓은 부지에 큰 구조물이어야 한다는 고정관념이 행정기관이나 일반 시민들의 의식구조에 지배적이다. 새롭게 대규모의 평화시설물을 건립하기 보다는 작지만 전쟁의 아픔과 희생자의 한(恨)을 달래고 느끼면서 평화를 다짐할 수 있는 평화시설물이 필요하지 않을까? 그리고 기존의 역사문화유적을 평화시설로 적극 활용하는 방안도 의미 있을 것이다.

베트남 참전기념관(설계 : Maya Lin, 워싱턴, 미국)

10. 현상설계와 좋은 건축 만들기

요즈음 우리 사회는 디자인 열풍에 휩싸여 있다. 건축분야도 예외가 아니어서 도시디자인, 공공디자인 등 중앙정부차원의 각 부처별로 다양한 디자인사업이 추진되고 있다. 그 배경에는 건축이 갖는 사회적 성격과 공공의 가치에 대한 중요성을 반영하는 것들이라고 할 수 있다. 이러한 복잡한 문제를 다루는 작업이 건축설계이며, 어떠한 목적에 의해 요구되는 물리적 환경형태를 이론적인 데이터를 근거로 하여 과학적이고, 체계적인 수법으로 요구되는 환경(공간)을 형상화하는 작업행위를 의미한다. 즉, 기존의 환경이나 새롭게 요구되는 환경을 좀 더 나은 형태로 바꾸기 위한 제안을 하는 행위라고 할 수 있다. 그 만큼 전문성이 요구되는 설계 작업이기 때문에 다양한 설계발주형태가 이루어지는데 제안(propose)방식,

에스키스(esquisse)방식, 디자인공모(competition)방식, 입찰방식 등이 대표적인 방식들이다. 이들 방식은 사업의 성격과 예산에 따라 적용되는 방식이 달라질 수 있겠으나 흔히들 현상설계라고 하는 디자인공모(competition)방식이 가장 많은 편이다.

제주지역의 경우도 건축시장규모가 커지고 디자인수준을 담보하기 위해 현상설계가 조금씩 늘어나고 있고, 공간적 기능성과 형태적 아름다움에 대한 번쩍이는 건축가의 아이디어들이 돋보이는 작품이 조금씩 늘어가고 있는 긍정적인 측면도 있다.

그러나 현상설계방식에도 구조적인 문제가 없지 않다. 프로젝트를 발주하고 관리하는 측과 현상설계에 참여하는 측의 문제가 대부분이다. 발주처에서 정확한 지형도 및 설계에 참조할 자료들을 제공하지 않은 채 건축가의 몫으로 넘기는 경우가 적지 않다. 또한 과업 지시서의 내용이 불충분하여 프로젝트의 규모와 성격에 관계없이 상당한 비용과 시간이 소요되는 조감도와 모형 제출을 요구하거나 불필요한 많은 도면을 요구하는 경우가 많은 편이다. 또한 설계 작업을 할 수 있는 충분한 기간을 주지 않는 것이 지금의 현상설계의 현실이다. 특히 심각한 것은 발주처의 담당자가 열심히 노력하여 좋은 건축 작품을 선정하여 놓아도 예산이 적다거나 높은 분들의 의견을 반영하여야 한다는 이유로 설계내용을 변경하는 안타까운 일들이 아무런 논의의 과정을 거치지 않은 채 이루어지고 있어서 현상설계의 목적과 필요성에 대해 재고(再考)의 목소리가 적지 않다.

참여자 측의 문제도 적지 않다. 상호 보완적 관계와 역할분담 관계 속에서 생산적인 설계 작업을 위해 크고 작은설계사무소들이 연계하고 있지만, 일부에서는 자신의 아이디어가 반영된 작품보다는 외주(外注)형태로 대신 하는 경우도 적지 않음은 이미 알려진 사실들이다.

가장 심각한 것은 단순히 일시적인 상호 이해관계에 따라 형성되는 이해적 관계의 새로운 궨당문화이다. 특히나 현상공모전에 있어서는 작품으로서의 승부보다는 어느 정도 궨당관계가 형성되었는가, 소위 물밑 작업을 어떻게 하는가에 따라 결정된다는 것은 지역건축계에서는 공공연한 사실이다.

그럼에도 불구하고 참여자의 능력과 열정이 평가되기 보다는 단순히 가격에 의해 결정되는 입찰방식보다는 현상설계는 여전히 좋은 건축물을 선정할 수 있는 방식이다. 문제는 저비용으로 건축가의 참신한 아이디어를 얻기 위해 제안(propose)방식, 에스키스(esquisse)방식 등을 적절히 현상설계방식과 혼용한 변형된 공모방식을 모색하고 고액의 비용을 들여야 하는 부분을 생략하고 다른 도면으로 대체하게 하는 등 공모방식과 과업지시서의 요구내용의 적절성과 합리성 확보, 그리고 선정된 건축작품과 건축가의 의견을 존중하는 발주처의 태도가 중요하다고 생각된다. 아울러 참여자 측에서도 자신의 아이디어와 건축적 열정을 작품으로 평가받기 위한 노력과 의지가 있을 때 제주의 도시건축은 더욱 성장하리라 기대해 본다.

11. 도시건축디자인이 뭐꽈?

2008년 1월 22일 유력중앙일간지 1면에 건축적으로 큰 사건기사가 실렸다. 다름이 아니라 "정치, 디자인을 이야기하다"라는 헤드라인으로 장식되었기 때문이다. 아마 건국 이래 디자인이라는 키워드, 그것도 도시와 건축의 키워드가 헤드라인으로 장식되기는 처음이 아닐까 생각한다. 도시건축분야에 종사하는 필자의 입장에서는 고무적인 현상으로 받아들이고 싶다. 공교롭게 같은 날 다른 유력중앙지에도 "휴먼 신도시"에 대한 기사가 크게 장식되어 있었다.

사실 뒤돌아보면, 우리나라만큼이나 매년 수많은 도시를 새롭게 건설하는 국가는 없을 것 같다. 여기에는 한국인의 독특한 집에 대한 집착과 부동산의 자산적 가치에 대한 집착, 여기에 정치적 영향까지 가세하다 보니 미래지향적인 도시디자인이 적절히 반영되지 못한 채 자동차 중심의 괴물 같은 도시가 끊임없이 생산되어 왔던 것이 우리의 현실이다.

유럽의 도시에서 느낄 수 있듯이, 도시의 형성은 오랜 시간을 두고 시간이라는 흐름 속에서 인간 활동들의 축적과정을 거치며 구축되어지는 것이며 인간 활동의 변화 흐름에 따라 성장하기도 하고 쇠퇴하기도 하며 때로는 진화하기도 하는 것이다. 그래서 흔히들 도시는 생명체의 집합체라고 정의하는 것도 이와 같은 이유 때문이다. 도시의 성장과 진화, 쇠퇴의 과정을 거치면서 더욱 다양한 도시건축을 생산해 내면서 도시만의 독특한 이미지, 풍경들이 만들어지

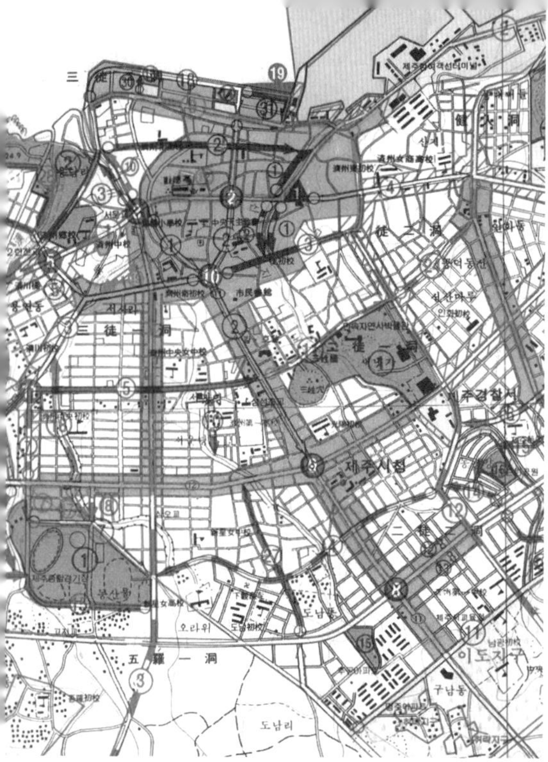

게 된다. 이것을 우리들은 문화풍경이라고 부른다.

도시의 문화풍경을 만들어 가기 위해서는 우리들이 잊지 말아야 하는 것은 인간과 자연에 대한 배려, 그리고 인간과 자연과의 공존과 조화라는 점이다. 근대도시계획은 상업지역 혹은 주거지역 등으로 구획한 도시공간속에 널찍한 녹지 한가운데 고층빌딩을 세우고 균등하게 짜여진 도로로 연결되는 지극히 단순하며 획일적 도시공간이었다. 상당히 기능적이고 생산적인 도시구조임에 틀림없지만, 여기에는 인간이라는 생명체의 활동을 수용하고 자연환경의 요소가 녹아 스며들지 못하였기 때문에 오늘 날 많은 비판을 받고 있다.

그래서 최근 뉴어바니즘 이론으로서 "휴먼 신도시"가 주목을 받고 있는 것과도 이와 같은 배경에 있는 것이기도 한다. "휴먼 신도시"의 조건은 지극히 인간중심의 도시를 추구하고자 하는 도시계획의 실천방안이라고 할 수 있다. 예를 들면, 걷기 편한 도시구조의 추구하는 점, 일하고 거주하고 즐기는 곳을 같은 지역에서 해결하는 점, 다양한 계층의 주택을 함께 건설하는 점, 주거 및 오피스의 밀도를 높이며 중·저층의 건물을 중심으로 건설하는 점, 그리고 전

통재료와 형태를 지향하며, 광장 및 상가 등을 마을중심에 배치하는 점 등이다.

이를 실천하고 있는 주목받는 도시가 브라질의 꾸리찌바市이다. 꾸리찌바市의 도시개발모형은 개발목표 및 과정, 그리고 세대교류와 물리적 환경의 개선이라는 점에서 볼 때 시사하는 점이 많은 도시개혁의 모델이라고 할 수 있다.

이와 같이 도시건축의 디자인은 삶의 공간을 쾌적하고 편리하며, 나아가 문화적 차원으로 변화시키고 지역사회와 국가의 수준을 한결 업그레이드 시키는 실천이다.

제주의 도시와 건축이 갖는 매력적인 요소들을 어떻게 디자인해갈 것인가, 이 문제는 세계자연유산을 소중히 갖고 있는 제주의 미래를 결정짓는 중요한 문제가 아닐까?

12. 공공디자인과 공공건축

요즈음 디자인분야가 호황을 맞이하고 있다. 디자인의 중요성이 부각되면서 문화시장, 문화도시의 창출이라는 슬로건 아래 우리의 생활무대인 도시를 문화라는 키워드로 대대적인 개조가 시도되고 있는 것이다. 디자인위원회가 만들어지고 중앙정부의 각 부처에서는 다양한 사업 프로그램을 제시하며 지방 자치단체 차원에서 사업을 추진하도록 적극 지원하여 유도하고 있기도 하다.

문제는 공공디자인에 대한 인식이라고 할 수 있다. 현재 추진되고 있는 이른바 공공디자인사업의 내용을 보면 가로 시설물디자인을 중심으로 이루어지고 있다. 공공디자인은 가로등, 간판, 휴지통 등 개별적인 구조물의 미적 아름다움에 가치를 두는 것이 아니라 그 구조물이 위치하게 될 공간과의 조화에 있는 것이다. 다시 말하면 사람들의 생활행위를 담는 3차원적인 공간의 크기와 깊이, 형태와 색채, 그리고 넓게는 인접한 공간과의 관련성에 의해 구조물을 디자인하고자 하는 것이 공공디자인의 기본 취지인 것이다.

그러나 불행하게도 우리나라의 현실은 디자인이라는 이름아래 미술과 산업디자인 분야의 종사자들이 크고 작은 프로젝트에 참여하고 있다. 공공디자인의 주체는 제대로 된 도시건축전문가의 참여가 전제되어야 할 것이며, 도시적 차원에서의 공공디자인 사업은 조직과 역할이 중요하다고 할 수 있다.

디자인이란 아름답고 편리함을 창출해 내는 것이다. 여기에 공공이라는 단어가 상당한 의미를 갖는 것이다. 공공(公共)의 의미는 일반 사회의 여러 사람들과 정신적, 물질적으로 함께 하는 것을 말하며 사회적 의미, 즉 Social의 의미를 갖는 것이다. 사회적 의미는 대중성을 갖는 것이며 함께 공유(共有)할 수 있는 것을 의미하는 것이다. 공공디자인은 대중에 대하여 단순히 시각적 즐거움과 유쾌함을 전달하는 것이 아니라. 장소가 갖는 다양성과 문화적 가치를 이해하여 대중의 생활행위를 수용하고 유발 시킬 수 있는 공간을 만들어 내는 것이 더욱 중요하다고 할 수 있다. 그래서 현재 추진되고 있는 많은 공공디자인 사업의 추진 주체나 결과물에 대하여 상당히 걱정스러운 지적이 나오는 것도 이와 같은 이유 때문이다.

따라서 공공 디자인이 추구하는 공공성 내지는 대중성을 높이기 위해서는 사회적 의미를 중시하고 깊이 있는 분석을 통해 대중의 다양한 생활행위를 수용하고 때로는 유발시키고 건축 환경에 대한 디자인과 이를 지원하고 조화되는 장치물을 만들어 내는 공공디자인이 되어야 할 것이다.

그리고 가장 효과적이고 가장 짧은 기간에 제주생활공간과 도시의 분위기를 변하게 할 수 있는 좋은 2가지 방안, 건축디자인 전문가의 참여 방안과 모든 공공건축물의 현상설계 방안을 제시하고 싶다. 첫째, 건축디자인 전문가의 참여 방안은 도시·건축디자인 분야에 도시와 건축디자인 전문가가 정식공무원 혹은 계약직 공무원으로 채용되어 행정업무에 직접 참여하여 프로젝트를 운영 관리할 수 있도록 하는 것이다.

둘째, 모든 공공건축물의 현상설계 방안은 도청과 시청, 읍면 등의 모든 행정시설물, 우체국, 화장실, 경찰서, 파출소 등 시설의 규모가 크든 작든 모든 공공기관의 건축물에 대하여 현상설계를 실시하여 건축디자인의 수준을 담보 받는 것이 무엇보다 중요하다고 할 수 있다. 자본의 특성상 민간 건축물에 대하여 디자인이 수준을 높이도록 간섭하고 규제하기에는 한계가 있을 수밖에 없다.

이러한 사례는 일본 쿠마모토현에서 십 수 년 동안 추진되어 오고 있는 「KUMAMOTO Artpolis」로 불리는 공공건축사업을 통해 이미 문화도시로서의 변화 가능성을 입증하였다. 따라서 특별자치도, 국제자유도시를 지향하는 제주에서 모든 공공기관의 건축물에 대하여 현상공모 혹은 일정 자격을 갖춘 건축가를 지정하여 공공디자인이 이루어진다면 상당히 아름다운 공공기관의 건축물을 새롭게 창출해 낼 수 있을 것이다. 또한 대외 홍보효과로도 이어져 제주도 도정(道政)의 변화를 시민들이 직접 피부로 느낄 뿐만 아니라 도시의 문화적 성격이 더욱 강력해 지는 등 적지 않은 파급효과가 있을 것이다. 특히 장기적으로는 보다 높은 수준의 생활공간과 도시공간의 요구로 이어져 민간 건축물의 디자인 수준도 자연스럽게 향상될 것이다. 이러한 작업이 축척되어 갈 때 자연히 제주특별 자치도, 국제자유도시가 만들어져 가는 것이다.

13. 건축의 예술 공간을 즐기다

지금 이 시대의 흐름을 대표하는 키워드는 문화, 글로벌화, 고령화와 주거복지 등을 열거할 수 있을 것이다. 그만큼 우리들의 생활영역이 넓어지고 삶의 질에 있어서도 어느 정도 향상되었다는 반증이기도 한다. 요즈음 어떠한 것이든 문화라는 단어가 붙게 되면 한결 고급스럽게 인식되는 경향이 있다.

그런데 문화란 무엇일까? 필자의 생각을 정리하자면 문화란 주어진 자연적인 조건을 탈피하여 일정한 목적 혹은 이상적인 생활을 실현하려는 활동의 과정에서 형성된 물질적 정신적 결과이다. 따라서, 건축은 그 시대의 문화를 표출하는 중요한 수단이라고 단언할 수 있다. 그래서 단순히 건축이라고 표현하기 보다는 건축문화라고 우리들이 부르는 이유도 여기에 있는 것이다.

필자가 몸담고 있는 분야가 건축이어서 문화에 대한 단어와의 관련성이 많은 편인데, 매년 학생들과 함께 떠나는 건축기행의 이름도 건축문화답사라고 표현하고 있다. 2007년에도 어김없이 40여명의 학생들과 함께 건축문화답사를 떠났고 전통건축과 현대건축물을 견학하는 일련의 과정 속에 우리들이 얼마나 문화로서의 건축, 건축의 문화적 가치가 부족한 가를 피부로 느끼게 하는 일들이 있었다.

먼저 인사동의 쌈지길이라는 상업건축물은 미술장식과 상업 건축물이 어떻게 변화되어야 하는 지를 극명하게 보여주는 좋은 사례라고 생각한다. 쌈지길이라는 상업건축물은 그 자체가 하나의 예술

쌈지길의 내부공간(서울 인사동)

품들로 가득히 채워진 공간이 특이하기도 하지만 자연스럽게 예술품들을 감상하면서 거닐 수 있도록 구성된 아주 교묘히 짜여진 복도로 구성되어 있다. 굳이 표현한다면 대중성과 예술성이 절묘하게 잘 결합된 사례라고 할 수 있다.

그리고 안양예술공원도 좋은 대중성과 예술성이 결합된 좋은 사례라고 생각한다. 안양예술공원은 먹고 마시는 상점들이 입구에 즐비하고 등산객들로 붐비는 기존의 공원에서 소위 예술공원으로서 탈바꿈한 공원으로 평가받고 있다. 여기에는 크고 작은 설치미술품들이 공원 곳곳에 자리 잡고 있어서 공원내를 거닐면서 작품 하나하나를 감상하면서 가벼운 산책과 등산을 하는 공원 그 자체가 예술공간인 셈이다. 이 예술공원의 또 다른 특징은 입장료를 받지 않는 다는 점과 전시관이 핵심적인 시설이라는 점이다. 작은 규모의

안양예술공원내의 전시관(설계 : 알바로 시저)

전시관은 이미 우리나라 건축계에 널리 소개된 알바로 시저(ALVARO SIZA)라는 유명 외국건축가가 설계한 건축물이다. 필자가 학생들과 함께 찾아갔을 때는 이 전시관에서 국내 예술작가들의 작품이 전시되고 있었는데 시민자원봉사자께서 친절히 안내를 해주신 것은 놀랍기도 하였다. 게다가 외국 유명건축가에게 상당한 설계비를 지불하고 건축한 전시관에서 국내 유명작가의 작품을 무료로 감상할 수 있다는 것은 신선한 변화였다. 게다가 미리 연락을 취하지 못하였음에도 불구하고 안양시청 소속의 담당자와 계장님께서 저희일행을 직접 찾아와 소속과 예정 시간을 확인하고 관련자료를 준비해 주시면서 열심히 예술작품에 대해 설명을 해주시는 모습에서 예술공원에 대한 자부심, 문화예술지역 안양의 공무원이라는 자부심을 느꼈다.

그러나 이러한 노력에도 불구하고 한편으로는 아주 수준 높은 예술작품을 무료로 감상하는 만큼이나 시민들의 문화적 수준이 높아지기보다는 오히려 문화라는 것을 그저 무료로 즐길 수 있는 아주 값싼 것으로 생각하는 경향을 갖게 하지 않은지 걱정스럽기도 한다. 왜냐하면 지긋이 예술작품을 보고 느끼고 작가의 의중을 깊이 생각해 보는 여유있는 시민들의 모습을 찾아보기 어려웠기 때문이다.

최근 문화운동과 관련하여 중앙정부를 중심으로 많은 변화의 조짐이 보이고 있다. 이른바 공공미술 프로젝트라는 것이다. 예술이라는 행위가 특정 집단의 소유물로 생각해 왔고, 또한 미술이라는 것도 전시공간이라는 지극히 폐쇄적이고 한정적인 공간속에 작가의 예술작품을 설치해 두고 감상하기를 강요하기 보다는 개방적이고 다중적 혹은 대중적인 공간속에 설치되어 작가의 예술작품을 보고 느끼고 생각하는 공공성을 우선시 하는 미술이 바로 공공미술이라고 생각한다. 제주에서도 건축물 미술장식법에 따라 의무적으로 미술장식품을 건축공간에 장식하고 있기는 하지만, 감상의 대상이 되기에는 너무나 상업적 성향이 짙어서 때로는 이권관련 잡음이나 표절시비가 끊이지 않는 것이다.

문화의 시대를 살아가는 우리들에게 삶의 철학적 메시지를 전달하고자 하는 예술가들의 실험적인 공공미술이 건전하고 올바르게 성장해갈 수 있었으면 하는 바람이다.

아울러 건축의 예술공간을 여유 있게 즐길 수 있는 성숙한 시민,

그리고 예술공간을 열심히 만들어 가려는 공무원이 더욱 많아졌으면 한다.

14. 특별자치도와 간판문화

제주사회를 지배하는 단어가 있다면 아마 4·3사건, 특별자치도와 국제자유도시, 경관훼손, 난개발이라는 몇 가지 단어로 정리할 수 있을 것이다. 4·3사건을 제외하고는 대부분의 단어는 직접 혹은 간접적으로 연관성을 갖는 단어라고 할 수 있다. 주민자치를 기반으로 하는 특별자치도가 궁극적으로 지향하는 것은 국제적인 도시로 거듭나고자 하는 것이고, 국제화된 도시치고 아름다운 경관이 형성되지 않는 도시가 없기 때문이다. 이러한 관점에서 바라본다면 경관적 가치와 의미가 얼마나 중요한가를 새삼 생각하게 한다.

이와 같이 경관문제에 대하여 유독 엄격한 규정을 요구하면서도 다른 한편으로는 경관훼손의 주범 중의 하나인 간판에 대해서는 지나치게 관대하여 대수롭지 않게 지나쳐 버리는 일들이 일상화되어 버린 지 이미 오래다. 이러한 현상은 제주에만 한정된 문제가 아니라 우리나라 거의 모든 지역에서 일어나고 있는 사회적 현상이기도 하다. 그 배경에는 경관문제는 건축물의 높이에만 국한하여 생각하는 경향이 있기 때문이다.

그러나 경관은 단순히 건축물의 높이만이 절대적인 의미를 가진

요소가 아니라 녹지 및 공원, 오픈 스페이스 등의 조경분야, 도로, 교량, 편의시설, 안내표시판, 신호체계 등과 같은 도로시설물, 건축물의 재료와 색채, 옥외광고물과 같은 물리적 조건, 그리고 지역이 갖는 장소성과 역사적 흔적과 같은 인문·사회적조건 등이 더욱 중요한 경관구성 요소라고 할 수 있다.

그런데, 간판의 중요성에 비해 제주의 옥외광고물은 국제자유도시의 간판이라고 하기에는 너무나 초라하여 오히려 가로경관을 저해하는 주범으로 인식되고 있는 것이 현실이다. 옥외광고물은 소비자에게 일정한 정보를 생산, 제공하는 소비를 촉진시키는 지극히 사적인 영업이라는 기본적인 기능도 있지만, 또 다른 한편으로는 공공의 장소에 보임으로써 도시경관을 형성하는 중요한 요소로서 그 시대의 사회문화적 수준을 반영하는 공공성을 수반하기 때문에 간판문화의 중요성이 강조되는 것이다.

간판의 난립은 비단 어제 오늘의 문제로 대두된 것은 아니다. 이미 오래전부터 지속적으로 누적되어온 사회적 문제이기도 하다. 거리의 풍경과 건축물의 아름다움을 유지하기 위한 노력보다는 많은 간판을 걸어야 호객을 할 수 있다는 업주와 건축주의 단순한 경제 논리, 타인을 배려하기 보다는 자신의 간판만이 더욱 돋보여야 한다는 생각, 나아가 행정관리체계의 미흡, 광고업계의 전문성 결여 등 복합적이고 총체적인 결함이 낳은 문제이기 때문이다.

2006년 7월 제주특별자치도가 출범된 이후 장기적인 도시경관수립을 비롯하여 간판문화를 개선하기 위한 다양한 노력이 시도되고 있는 것은 상당히 고무적인 현상으로 평가된다. 최근 문화의 거리 조성사업 혹은 국가환경디자인개선사업 등 중앙정부의 각 부처가 경쟁적으로 추진하고 있는 사업에서 알 수 있듯이 「문화」, 「환경」 그리고 「디자인」이라는 공통된 키워드는 우리에게 시사하는 바가 크다고 생각된다. 그 중심에 있는 요소 중의 하나가 바로 간판문화의 개선이라고 할 수 있다.

2007년 3월 14일에 제도개선과제 2백 70건이 확정되었다. 오래전부터 중앙정부의 법체계를 중심으로 제주도의 도시와 건축행정이 추진되는 과정에서 지역의 여건과 전혀 맞지 않아 오히려 도시건축의 경관 및 주거환경정비 등 도시건축행정상의 관리 등에 있어서 적지 않은 문제가 있었던 것이 사실이다. 특히 옥외광고물의 경우, 제주특별자치도 설치 및 국제자유도시 조성을 위한 특별법 제정시 반영된 광고물의 규격·모양·색깔 등 표시방법에 관한 사항을 이양받은데 이어 사실상 옥외광고물 등 관리법의 근간인 허가·신고사

항에 관한 모든 사항을 이양 받음으로써 옥외광고물에 관한 한 특별한 지위를 인정받게 되었다고 평가할 수 있을 것이다. 남은 과제는 이제 어떠한 방향으로 정책을 운영해 나갈 것인가, 행정기관의 몫으로 남게 되었다.

그러나 간판문화가 지닌 기능성과 공공성을 고려하여 볼 때 모든 책임을 행정기관에게 떠넘기기에는 곤란할 것이다. 아름답게 건축물을 만들고 유지하려는 건축주의 적극적 노력과 작지만 아름다운 간판, 거리의 문화형성을 우선하려는 임차인의 광고에 대한 의식변화, 상업성보다는 제주가로(街路)의 문화를 선도한다는 책임감과 자부심을 가진 광고업계의 슬기로운 지혜가 모여져야 하는 할 때이다. 시작이 반이라는 속담이 있듯이 지금부터라도 국제적인 도시의 이미지에 걸 맞는 간판문화를 조성하기 위한 지속적인 노력이 요구되는 시기이다.

15. 제주의 경관관리를 위해 경관관리과를 만들자

제주를 찾는 대부분의 사람들은 있는 제주의 자연과 독특한 생활문화를 보고 느끼기 위해 찾아오는 사람들이다. 이러한 제주의 자연과 생활문화가 어울려 연출해 내는 것이 바로 제주만이 가지는 아름다운 경관이라고 할 수 있다.

제주인의 삶이 스며있는 전통초가에서 찾아볼 수 있는 경관구조는 멀리 한라산의 영봉(靈峰)이 보이고, 바다의 수평선이 펼쳐지는 원풍경(遠風景), 한라산을 배경으로 나지막하고 옹기종기 군집(群集)을 이룬 마을모습의 중풍경(中風景), 그리고 완만한 곡선과 높은 담장의 집을 중심으로 한 울안의 근풍경(近風景)들이다.

이와 같은 제주의 전통건축과 마을의 풍경들은 오랜 세월을 통해 여러 사람들의 손을 거치면서 변화되어 왔으며, 제한된 재료와 동일한 건축양식 속에서 개인에 의하여 형성된 다양성이 도시전체의 통일성과 조화를 이루면서 나름대로의 독특한 풍경을 형성해 왔다고 할 수 있다.

그러나, 근대화 물결 속에서 마을 규모에서 도시규모로 확대되면서 제주의 도시는 짧은 기간에 소수의 사람들에 의하여 신속한 도시개발이 진행되어 왔으며, 다양한 건축재료와 풍부한 시공방법에도 불구하고 도시의 모습은 획일화되고 무표정하며, 삭막한 회색빛 도시화된 것이 현실이다. 과거 도시기본계획 수립에 있어서 중앙정부의 지침 이행에 충실하면서 제주가 제주 고유의 경관자원을 형성하고 개발하기 위한 도시계획이 수립되지 못했던 것도 한몫을 하였을 것이다. 그 결과, 제주고유의 마을 풍경과 경관은 상실되고, 문화재의 자리가 점차 사라지고, 그 자리에는 상업자본의 상징물이 메워가고 있다.

현대도시에 대한 평가에 있어서 문화적 비중이 더욱 높아져 가고 있고 앞으로 더욱 높아질 것이다. 현대도시 속에서 살아가는 우리들은 항상 새롭고 여유 있는 삶의 공간을 형성 유지·발전시키기 위하여 도시의 아름다움을 추구하여야함은 이 시대를 살아가는 도시민의 권리이자 의무인 것이다.

따라서, 경관의 필요성과 가치에 대한 시민들의 새로운 인식이 결합되어야 함은 물론이고, 나아가 도시경관요소의 개별적인 절대미보다는 총체적으로 자연환경과 건축이 조화를 이루도록 경관계획 수립이 요구되며, 이를 위해 다음과 같이 실천방안을 제시하고자 한다.

첫째, 도시 경관계획 수립과 이를 관리할 수 있는 행정조직이 있어야 할 것이다.

더 이상의 도내에 산재에 있는 하천과 문화재, 오름과 같은 우수한 경관의 훼손을 막고, 종합적이고 체계적인 경관관리를 수립하기 위해서는 경관계획을 수립하여야 할 것이다. 또한, 이를 관리할 경관관리 과(課)를 신설하여야 할 것이다.

둘째, 제주다운 도시 스카이라인을 형성, 유지, 관리하여야 할 것이다.

육지에서 제주를 방문할 때는 하늘을 통하거나, 바다를 통하여 들어오게 된다. 하늘과 바다에서의 제주의 스카이라인, 특히 제주시의 스카이라인은 한라산을 배경으로 하고 있음에도 불구하고 조화성이나 독특함이 결여된 무표정한 모습으로 맞이하고 있다. 한라산을 배경으로 한 도시 스카이라인의 형성, 유지관리가 요구된다.

셋째, 도시녹지의 확보이다.

도시내의 녹지는 도시의 경관을 보다 풍부하게 하는 중요한 요소이다. 녹지공간에서 휴식을 취하거나 인간의 행위를 할 수 있는 활동공간으로서의 기능뿐만 아니라, 시각적으로 안정감과 여유를 주는 기능이 있다.

제주시내에는 몇 곳의 공원녹지지역이 있으나, 상호 연계성을 가지도록 도로망이 연결되어 있지 못하고, 접근성도 떨어져 활용도가 높지 못한 편이다.

특히, 중요 문화재 주변에는 완충녹지 공간이 절대적으로 부족하여 현대 고층건축물과 극단적인 대비를 이루고 있어, 이를 보완하기 위해 도시녹지공간 확보가 필요하다.

넷째, 역사적 문화(재)의 경관형성이 필요하다.

건축과 도시는 형태와 공간적 기능을 통하여 그 시대의 사회적 변화 요인, 지역적 제반조건과 동시대 사람들의 삶을 반영하는 공동 구현체이며, 삶의 흔적이 혼재하는 공간인 것이다.

도시 공간내에 역사적 건축물이 많이 있다는 것은 삶의 흔적이 그 만큼 많이 있다는 것이며, 그러한 공간을 통해 역사와 문화를

체험하게 되는 것이다. 즉, 도시공간 그 자체가 바로 교육공간이 되는 것이다. 우리들이 이집트와 그리스, 로마, 파리 등을 찾아가는 것도 이와 같은 이유 때문인 것이다.

목관아지 복원사업이나 삼성혈의 주변의 문화벨트 형성 사업, 남문 복원사업 등과 같은 문화재 복원사업은 고무적인 일이기는 하지만, 이들 사업이 빛을 발산하기 위해서는 도시계획과 경관계획, 녹지공간과의 연계된 사업추진이 절실히 요구되고 있다.

다섯째, 제주도민의 삶의 질적 향상을 전제로 한 도시의 경관형성과 관리 방안이 요구된다.

제주의 개발은 60년대와 70년대의 「소득증대개발」에서 이제는 인간답게 살기 위한 「삶의 개발」로의 패러다임 전환이 요구되며, 경관관리의 개념도 「관광개발에 다른 부작용에 초점을 둔 경관관리」에서 이제는 「삶에 바탕을 둔 경관관리」로의 전환되어야 할 것이다. 그리고, 시민들의 경관에 대한 의식전환도 필요하다고 할 수 있다.

16. 국제화와 살기 좋은 마을 만들기

제주특별자치도 실시 이후 2주기를 맞이하게 되었다. 행정은 행정 나름대로 특별자치도로 거듭나기 위해 각종 규제개선을 위한 법률적 정비를 지속적으로 추진하여 어느 정도 성과를 보이고 있다. 제주가 특별자치도로 탈바꿈한 외형적 모습 못지않게 중요한 시책 중의 하나가 국제자유도시의 조성이라고 할 수 있다. 왜냐하면 국방과 외교와 같은 국가적인 차원에서 다루어지는 사항을 제외하고는 중앙정부로부터의 간섭 없이 독자적으로 지역의 실정에 맞게 추진할 수 있는 특별한 행정자치의 실현은 사람과 물류의 자유로운 이동을 추구하는 국제자유도시의 기본적인 이념과도 밀접한 상관관계를 가질 수밖에 없는 것이다.

그러나 과연 제주가 국제화가 되었는가? 라는 물음에 대해 부정적일 수밖에 없는 것이 지금의 현실인 것 같다. 왜 제주는 국제화가 될 수 없는 것일까? 이 물음에 대해서는 지역주민의 의식구조 문제와 물리적 환경 문제로 정리할 수 있을 것 같다. 지역주민의 의식구조의 국제화는 가장 단순한 것에서부터 시작되어야 할 것이다. 외국인이 목적지를 찾기 위해 물었을 때 적어도 간단하게 대답을 할 수 있는 사람들이 몇 명이나 될까? 굳이 영어로 대답을 하지 못하더라도 친절하게 안내를 해줄 수 있는 여유 있는 사람들이 몇 명이나 될까? 이러한 물음에 아마 공감을 하시는 분들이 많으리라 생각한다.

게다가 제주에서 개발 사업을 하시는 많은 분들이 제주에서의 사업추진이 참 어렵다는 말씀을 많이 한다. 우리나라 특유의 까다롭고 복잡한, 그리고 애매한 규정들로 인한 행정 처리상의 어려움도 있겠으나, 지역주민들이 소위 개발보상 명목으로 요구하는 일들이 더욱 사업을 어렵게 만든다고 한다. 게다가 이러한 형태를 행정당국이 아무런 조치를 취해주지 않는 것에 더욱 실망감을 준다고 한다.

한편 물리적 환경의 문제는 이미 오래전부터 지적되어 왔던 문제이기는 하지만, 제주의 고유한 풍경이 없는 것이 가장 큰 문제인 것 같다. 수년 전 유럽을 처음으로 방문한 도시들은 유럽지역의 이미지를 여전히 간직하고 있었다. 세계 금융의 도시인 독일의 프랑크푸르트와 음악의 도시 오스트리아의 비엔나를 둘러보면서 지금의 독일과 오스트리아가 있기까지는 오랜 역사를 통해 도시 건축물이 축적되었음을 새삼 느끼게 하였다. 도시 곳곳에 남아있는 수백년 된 고딕식의 성당과 그리 높지 않는 나지막한 고풍스러운 연립주택과 공공건축물, 그리고 굵은 돌로 장식된 도로, 좁은 길을 따라 만들어진 광장의 문화는 이들 도시가 갖는 역사와 문화적 가치를 나타내는 것들이었다. 이것이 관광객을 끌어 들이는 매력적인 도시 건축물들인 것이다. 과거가 없는 도시는 역사가 없는 도시인 것이다. 그 과거는 오래전에 그 도시에 살아왔던 사람들의 삶의 흔적이자 역사이고, 또한 문화인 것이다. 관광은 그러한 것을 보기 위해 찾아가는 것이다.

뒤돌아보면 우리들은 새로운 것에 너무 많은 의미와 가치를 부여한 것 같다. 오래된 집과 좁은 길은 불편하고 오랫동안 이용하여 왔던 물건들은 가치 없는 것으로 생각하였다. 그래서 크고 높은 건축물과 넓은 도로를 개설하고 제주의 방언과 음식문화를 잊으려고 하고 있는 것이 아닌지 모르겠다. 그러나 이러한 것이 오히려 국제화를 만들지 못하게 하는 요인들이 되고 있다. 지역성이 없는 것은 국제화도 될 수 없기 때문이다. 때늦은 감은 있으나, 최근 살기 좋은 지역 만들기에 대한 관심과 움직임이 지역 주민을 중심으로 일어나고 있는 것은 다행스러운 일이다. 살기 좋은 지역 만들기는 그 지역이 갖고 있는 많은 역사와 문화적 가치를 새롭게 인식하고 보존해 가려는 노력이 표출될 때 더욱 지역의 가치가 빛나는 것이고 나아가 관광자원으로 활용될 수 있을 것이다.

여기에 타인에 대한 열린 마음과 행동이 곁들여진다면 국제적인 도시로 그리고 국제적인 관광지로 거듭날 수 있을 것이다. 지금 당장 국제적인 도시가 되지 못하더라도 적어도 수십 년이 지난 후 제주는 세계 많은 나라의 사람들이 방문하고 싶어하는 한국의 대표적인 국제관광도시가 되지 않을까? 이러한 미래의 꿈을 갖고 살아갔으면 한다.

17. 건축과 건축가에 대한 몇 가지 오해

요즈음 공공디자인, 환경 디자인 사업이 적극 추진되고 있다. 공공디자인이든 환경디자인이든 기본적으로 디자인의 활동 배경이 되는 것은 크게는 도시적 스케일에서 작게는 개별 건축물 혹은 그들의 군집된 건축적 공간과 영역 속에서 작업이 이루어지기 때문에 사람들의 생활공간을 만들어 간다는 측면에서 건축의 역할과 기능이 중요할 수밖에 없다고 생각된다.

그러다 보니, 건축에 대한 사회적 관심과 건축의 도시적 기능상의 중요성과 문화적 가치 기준으로서의 중요성에 비해 일반 시민들의 건축에 대한 편견과 오해가 여전히 남아있으며 이러한 요인들이 우리나라 건축계의 발전에 걸림돌이 되고 있는 것이다.

첫째, 그 대표적인 것 중의 하나가 건축물의 형태에 대한 고정관념과 단순히 주어진 부지 위에 세우기만 하면 된다는 생각이다. 예를 들면, 교회건축물은 외부에 십자가가 있어야 하고, 사찰건축물은 기와지붕의 형태여야 하고, 관공서 건축물은 근엄하도록 좌우대칭에 중앙에 귀빈의 차량이 정차할 수 있는 공간이 있어야 하는 등등이다. 게다가 건축물은 단순히 땅위에 시공하여 구조물을 건립하는 단순한 작업이라고 생각하고 있는 경향이 있다. 그러다 보니 설계부지의 지형적 조건이나 역사적 사실(史實)의 흔적, 기후성의 조건, 도시 계획적 흐름상의 조건 등 물리적 환경뿐만 아니라 인문사회적 요인까지 검토하는 대상이 되지 못한 채 무표정하고 무계획적인 인공구조물이 난립될 수밖에 없는 것이다.

둘째는 건축계획은 도시계획과 관련성이 없다는 생각이다. 앞서 언급한 바와 같이 건축은 점(点)적인 요소로서 개별적 기능을 확보하면서도 도시를 구성하는 중요한 부분이다. 다시 말해, 도시는 건축물이 유기적으로 구성되고 조직화됨으로서 구성되는 생명체와 같은 것이며 사람의 활동을 원활히 흐르게 하는 것이 도로이다. 불행하게도 현대도시계획에서는 도로의 기능이 강조되고 삶의 무대인 건축은 도시계획상에서 논의되지 못한 채 일방적으로 그려진 도시계획의 그림 위에 작업을 하고 있는 모순된 도시건축행정을 오랫동안 비판 없이 받아들이고 실행해오고 있는 것이다. 결국은 이러한 현상이 누적되어 도시재해로 이어지는 것이기도 하다.

셋째는 건축설계는 단순히 종이위에 그림을 그리는 것이라는 생각이다. 도시계획에서의 건축의 기능적 중요성이 강조됨에도 불구하고 건축가의 설계는 상대적으로 평가받지 못하고 있는 실정이다. 일반 공산품과는 달리 종이위에 그려지는 설계도면의 작성행위가 누구라도 해낼 수 있는 작업에 불과하다는 생각이 지배적이다. 그러다 보니 대부분의 사람들이 건축설계의 비용이 비싸다는 생각을 하고 있고, 심지어는 물건 흥정하듯 설계비를 깎아 지불하는 경우가 적지 않다. 디자인은 새로운 것을 만들어 내는 창조적인 활동이다. 창조적 아이디어를 도출해 내고 그것을 구체적인 건축공간으로 그려내는 것은 그리 간단한 작업은 아닌 것이다. 소위 오랫동안 체계적으로 전문교육을 받은 전문건축가가 만들어 내는 것이다. 그래서 비싼 비용을 지불해야 하는 것이다. 여기에는 도시의 공간을 읽어 들이고 인문사회적 요소를 예리하게 분석하며, 사용자의 요구와 다양한 사람의 행위를 수용하기 위한 인간행동과 심리적 요소를 파악할 수 있는 숙련된 전문작업이 요구되는 것이다. 그래서 선진국에서는 건축가를 문화예술가로 높이 평가하며 사회공간을 창출해 내는 도시건축정책의 주요 결정자인 건축직 공무원이 존경받는 것이다.

과거 개발과정 속에 자리 잡은 건축에 대한 오해와 업자로서의 건축가에 대한 오해의 시각에서 벗어나 건축가를 존중하고 그들의 작품을 존중하고 감상하는 문화적 인식변화를 통해 제주의 문화적 정체성과 현대적 가치관 위에 새롭게 거듭날 수 있는 제주건축이 되기를 기대해 본다.

제4장

제주의 하천과 해안풍경

04

제주의 해안마을에는 마을의 역사를 알 수 있는 풍부한 전설, 그리고 비바람을 이겨내기 위한 삶의 지혜가 고스란히 남아있다. 그러나 80년대 중반 이후부터 갑작스럽게 팽창하는 토목 위주의 개발 공사는 제주의 해안마을과 해안 경관을 너무 쉽고 간단하게 바꾸어 버렸다. 관광자원개발이라는 명목으로 해안도로를 개설하면서 오히려 아름다운 해변경관이 훼손되었고, 늘어나

는 자동차의 원활한 소통을 위하여 도로를 넓히면서 해안마을의 많은 역사적 문화경관이 훼손되었다. 도시계획을 하고 길을 만들고 도시의 인프라를 구축하면서 그곳에 살아가는 사람과 문화, 역사를 고려하지 않았던 것이다.

1. 추억속의 제주 해안마을과 해안경관

제주도가 발간한 제주 100년 사진집이 있다. 이 사진집에는 과거속의 제주인의 삶의 모습뿐만 아니라 제주 곳곳의 풍경이 담겨져 있다. 그중 몇 장의 사진은 제주가 아니면 느낄 수 없는 멋들어진 제주의 해안마을의 풍경모습을 담은 사진들도 있다.

이 아름다운 해안이 최근에는 경관훼손의 주요 관심대상이 되고 있다. 해안일주도로를 따라 경관이 좋을만한 곳은 이미 상업건물이나 주택이 자리 잡고 있다. 게다가 건축물도 주변의 조건을 충분히 고려하지 못한 채 높고 크게만 자리를 차지하고 있으니 해안경관 훼손이라고 비판할 수밖에 없을 것이다.

제주도의 해안경관이 현재 모습과 같이 변화될 수밖에 없는 근본 원인은 일본식민지시대의 해안일주도로 개설이 그 시작이라고 할 수 있다. 당시, 일제는 제주에서 사업하는 일본인들에게 편의를 제공하고 제주의 각종 해산물을 외부로 반출하기 위한 생산기지로 만들기 위해 해안일주도로 사업을 추진했던 것이다.

이와 같은 해안일주도로의 개설은 도로다운 도로가 없었던 그 당시로서는 상당한 사회적 변화를 가져다주었다고 할 수 있다. 그 전까지는 제주도는 임란, 병란을 직접 겪지 않았으나 잦은 외침으로 군,현의 행정기관을 해안으로부터 내륙으로 들여와 배치하였다. 이는 민간 마을에도 적용되어 상당수의 마을이 물이 좋은 해안을 떠나 해발 200m지대인 중산간 지대로 옮기게 되었는데 이것을

'웃드리 마을'이라고 하였다. 따라서, 도서(圖書)임에도 불구하고 해안지역보다는 해안으로부터 5~10km 떨어진 내륙지역이 행정과 경제의 중심지 역할을 하였고, 해상교통이 발달하지 못하여 교역이 부진하고 자연히 생산되는 해산물도 경제적 가치가 높지 못하였다. 그러나 도로가 개설됨에 따라 도의 중심지 역할이 새로운 교통의 요충지인 해안마을로 다시 넘어가게 됨으로써 행정기관들이 교통이 편리한 해안도로변 마을로 이동하기 시작하였고 그에 따라 인구의 이동과 사회적 부(富)의 이동도 수반했다.

해안마을과 해안 경관을 변화시킨 또 다른 원인은 해안도로의 개설을 들 수 있다. 1992년부터 추진되고 있는 해안도로 개설사업으로 인해 해안마을이 가지고 있는 원래의 모습이 조금씩 변하고 있다. 적어도 1970년대 전반까지만 해도 제주 100년 사진집에서 볼 수 있는 아름다운 전통적 경관을 그대로 간직하고 있었다. 마을의 역사를 알 수 있는 풍부한 전설, 그리고 비바람을 이겨내기 위한 삶의 지혜가 고스란히 남아있는 해안마을이 수없이 남아있었던 것이다. 그러나 80년대 중반 이후부터 갑작스럽게 팽창하는 토목공사는 제주의 해안마을과 해안 경관을 너무 쉽고 간단하게 바꾸어 버렸다. 마을을 관통하는 도로가 개설되고 어항의 근대화라는 이름아래 많은 포구가 확장되었고, 문화공간과 유원지를 만든다며 상당한 지역을 탑동과 같이 매립하기도 하며, 또 다른 한편으로는 해안개발규제의 완화로 인해 카페와 횟집, 그리고 펜션들이 마을과 해안의 언덕을 장식하면서 제주의 해안은 기형적으로 변해가고 있다. 도시계획을 하고 길을 만들며 도시의 인프라를 구축하면서 그곳에 삶을 담고 있는 사람과 문화, 역사를 고려하지 않았던 것이다.

도시나 마을은 인간이 생존하기 위해 마련한 삶의 터임과 동시에 그 시대의 문화수준과 사회상을 표현하는 유산이기도 하다. 로마, 런던, 파리, 베네치아, 지중해의 마을을 왜 우리는 그토록 가고 싶어하고 찾게 되는가? 그곳에는 과거와 현재의 흔적이 혼재하면서 조화를 이룬 역사와 문화가 존재하는 마을이 있기 때문이다.

제주에는 탐라국이 있지 않은가! 한라산을 배경으로 나지막하고 옹기종기 군집(群集)을 이룬 마을모습, 완만한 곡선과 높은 담장의 집들의 풍경, 대화의 장소이기도 하고 휴식의 공간이기도 하였던 마을 입구에 자리 잡은 팽나무, 포제단 등등 탐라의 역사와 문화,

그리고 삶의 공간과 흔적이 곳곳에 남아있을 것이다. 그러나, 앞으로 사진에서나 볼 수 있는 풍경이라면 제주의 멋과 독특함을 어떻게 찾을 것인가 다시 한번 심각하게 고민해야할 시기이다.

2. 어느 가수의 제주이야기

유리상자라는 가수의 CD 한 장을 구입하였다. 고요한 밤에 한 곡 한 곡을 듣는 중에 제주와 관련된 곡이 있어서 몇 번이고 반복해서 듣곤 하였다. 제주를 노래한 많은 곡 중에서 이처럼 간단하면서도 제주의 이미지를 멋들어지게 표현한 것을 없을 것 같다. 가사의 내용이 화려한 것도 아니고 노래 그 자체가 웅장한 곡조도 아니지만 제주의 이야기가 아름다운 것은 소박한 제주의 삶이 그려져 있기 때문이다.

이 한곡의 노래를 통해 많은 사람들이 제주라는 곳을 어떻게 바라보고 어떻게 생각하고 있는가를 느낄 수 있을 것 같다. 적어도 제주는 늘 푸름과 새파란 바다, 감귤, 그리고 신혼부부, 투명한 밤과 별들이 어우러진 기막힌 신천지의 땅인 것 같다.

사실 지금의 제주가 있기 위해 너무나 많은 시간과 예산을 투자하였고 이러한 노력의 결과로 제주는 유수의 관광지로 자리 매김하여 과거 육지부에서 멀리 떨어져 유배 보내졌던 변방지에서 이제는 모두가 오고 싶고 머물고 싶어하는 아름다운 지역으로 변한 것이 아닌가?

그러나, 한편으로는 이 땅 제주에 살고 있는 사람으로서 정말 제주가 신천지로 느끼고 신천지로 만들기 위해 노력하고 있는가, 그리고 우리들은 큰 것만을 꿈꾸고 있는 것이 아닌가 소박한 의문을 가져보기도 한다. 항상 "세계적"이고 "아시아 최고와 최대"만을 목표로 꿈꾸고 생각하는 것 같다. 세계적인 관광지, 아시아 최대 규모, 국제적인 도시를 지향하면서 개발이라는 이름 아래 의식적이든 무의식적이든 아름답고 멋들러진 풍경을 망가뜨린 것은 없는지 다시금 생각해 봐야 할 것 같다. 목표는 넓고 크게 세워야 하는 것은 당연하겠지만, 추진하는 방향과 방법은 세계적이지 않아도 좋을 것 같다.

세계화가 강조되는 정보화시대에 살고 있는 요즈음 자주 접하게 되는 단어가 "디지털"이다. 연속적으로 데이터를 처리하는 아날로그(연속적이고 지속적인 의미로서)와는 달리 0과 1로 처리되는 디지털(단편적이고 순간적인 의미로서)은 당연히 신속하고 정확하여 성격이 급한 우리나라 사람들의 기질과도 맞아 떨어질지도 모르겠다. 대표적인 것이 IT(정보기술)은 이미 우리나라가 선진국 수준에 이르고 있고 특히 제주도는 정보화가 잘 정비된 지역으로 평가받고 있다. 이와 같이 중요하다고 판단되면 앞뒤 살펴 볼 필요없이 빠르게 시작하여야 할 것이다.

그러나, 때로는 아날로그적인 접근으로 천천히 시작하여야 할 때도 있기 마련이다. 개발방식이 그러하다. 제주의 역사를 알 수 있고, 삶의 흔적을 보여 줄 수 있는 것을 보존하고 문화적 자산으로 계승하기 위한 노력은 부족한 것 같다. 다행히 산지천이 복원되는 등 잃어버린 제주의 풍경을 되찾기 위한 노력은 다행스러운 일이다. 산지천 이외에도 복원하고 문화재로 지정해야 할 곳도 많다. 특히 아름다운 바다와 해안경관, 건천, 한라산의 경관은 제주에 있어서 또 하나의 문화재이다. 아직도 개발에도 불구하고 제주인의 삶과 관련이 깊은 많은 장소와 흔적이 남아있다. 이것들을 빨리 지방문화재로 지정하여 잘 보존하는 것도 중요할 것이다. 디지털과 아날로그가 어우러진 제주도는 아름다운 자연이 숨 쉬고 역사가 흐르지만, 한편으로는 첨단적인 기술과 사회 인프라가 구축된 정말 머물고 싶고 살고 싶은 세계적인 섬을 꿈 꿀 수 있을 것이다.

매년 휴가철이 시작되면, 많은 사람들이 제주의 푸른 바다와 밤, 푸른 숲, 그리고 제주사람들의 풍성한 인심과 먹거리를 찾아서 제주로 몰려올 것이다. 그들의 마음속에 여전히 신천지로서의 제주 이미지, 그리고 아날로그와 디지털이 조화된 제주 이미지를 고스란히 간직한 채 돌아가기를 기대해 본다.

3. 태풍 "매미"가 남기고 간 교훈

사상최대 풍속이었다는 태풍 "매미"로 인해 상당한 물적 인적 피해를 입었다. 거대한 대자연의 힘에 의한 피해는 불가항력일 수밖에 없을 것이다. 중요한 것은 재해의 피해를 줄이기 위한 노력이다. 재해를 극복하기위한 방법은 크게 예보, 방재, 그리고 교육 3가지를 들 수 있다. 이번 태풍 '매미'의 피해를 보면서 우리나라의 재해극복은 후진국 수준이라고 할 수 있다.

먼저, 예보의 문제를 지적하고 싶다. 최근 기상청에 슈퍼컴퓨터가 도입되어 기상예측이 훨씬 높아졌다고 한다. 그러나 진작 많은 인명피해를 본 것은 해일에 의한 것이었다. 어느 지역이 어떠한 조건으로 인하여 해일의 발생위험이 더욱 높으니 그 지역 주민들이 대피해야 한다든지 아니면 주의를 해야 한다는 조치가 없었던 것은 아닌지 의문스럽기 만하다.

방송국의 책임도 한몫하였다. 태풍이 거의 우리나라에 근접할 무렵부터 기상특보 형식으로 태풍에 대한 준비를 알려주곤 하였다. 반복되는 기상특보 방송은 어느 지역이 얼마의 비가 내리고 있고 지금 상황이 어떠하다는 현황안내정도에 불과하였을 뿐이었다. 결과적으로만 본다면 이러한 행위들이 얼마나 피해를 줄였는지 의문스럽기만 하다.

더 더욱이 안타까운 것은 소위 재해대책본부와 지방자치단체 조직의 기능이었다. 재해대책본부와 지방자치단체는 기본적으로 재해의 현황을 파악하고 나아가 재해발생을 사전에 예방하며 이러한 정보를 일반 국민에게 여러 전달매체를 이용하여 신속정확하게 알려줌으로서 피해를 최소화하려는 기능이 있어야 한다. 그럼에도 불구하고 중앙재해대책본부와 지방자치단체는 그저 지방에서 발생되고 있는 재해피해정도를 집계하고 지원하는 정도의 조직에 불과하였다는 느낌이다. 필자가 느끼기로는 그랬었다.

방재문제도 지적하고 싶다. 우리나라는 오래전부터 민방위조직을 운영하여왔다. 그러나 진작 국가적인 재해가 발생 했을 때 이러한 조직은 정상적으로 작동하지 못한 것 같다. 방송을 통해 보여지는 큰 피해지역의 대부분을 보면 해안변이거나 강변이었다. 우리가 조금만 더 사전에 노력하고 주의를 했더라고 많은 재산상의 피해와 인명 피해를 최소화하지 않았을까 반문해 본다. 더욱이 수년전 피해를 입었던 지역이 이번의 태풍으로 인하여 다시 재해를 당했다는 것은 정말 한탄스럽기만 하다. 너무나 손쉽게 해안 도로를 개설하고 해안지역 매립이 이루어지고 있는 제주의 경우도 언제 더욱 큰 재산적 인명 피해를 입을지 모를 일이다.

마지막으로 주민들의 재해에 대한 의식교육이다. 감사원이 실시한 안전의식조사에서 강물이 불어도 건너겠다고 대답한 사람들이 무려 46%인 결과를 보면 우리나라 사람들의 안전에 대한 의식수준을 짐작하게 한다. 설마 혹은 나에게는 그런 일이 일어나지 않을 것이라는 생각 때문에 매년 재해로 인한 인명피해가 증가하고 있는 것이다.

오랜 역사 속에서 지진에 의해 각종 재난을 경험한 일본은 항상 재난에 대해 경계를 게을리 하지 않고 있어 우리들에게 타산지석(他山之石)이 될 것이다. 거리를 가다보면 누구나 알시 쉽게 피난대피지역이 도시 곳곳에 지정 설치되어 있다. 그리고 정확한 재해 정보가 방송을 통해 거의 실시간에 가깝게 전달되고 있어 자신이 어떠한 상황에 놓여있는가를 판단할 수 있어 적절한 대비를 함으로서 인적 물적 피해를 줄일 수 것이다.

재해를 최소화하기 위해 중앙재해대책본부와 기상청, 그리고 지방자치단체, 군과 경찰, 방송국과 같은 공적 기관의 역할과 기능이 재해 발생시에는 신속하고 정확하게 정보를 전달함으로서 일반 시민들의 피해를 최소화할 수 있도록 재해정보전달 시스템의 구축이 필요할 때이다.

그리고 당사자인 주민에 대한 재해 혹은 안전문화에 대한 교육과 아울러 초중등학교에서의 재해예방과 안전에 대한 지속적이고 체계적인 교육프로그램의 운영이 필요할 때이다.

4. 무사 난개발이 꽈!

서울 출장 중에 운전기사와 이런 저런 이야기를 나누면서 자연스럽게 제주에 대한 이야기로 이어지게 된 적이 있다. 운전기사는 아직 제주를 방문한 적이 없다면서 "제주"라는 이야기만 들어도 가슴이 설렌다고 하였다.

제주를 방문하지 않은 사람들을 가슴 설레이게 하는 제주는 많은 변화가 있었고, 변화를 시도하고 있다. 그러다 보니 한정된 공간 속에서 짧은 시간 내에 너무 많은 일을 하려다 보니 당연히 무리가

뒤따를 수밖에 없는 것이다. 지방자치단체장들이 제일 싫어하는 단어가 있다면 "난개발"일 것이다. 사회발전을 위해서는 당연히 개발을 하여야 하고 하지 않으며 자연히 다른 지역에 비해 낙후될 수밖에 없는 것이다. 필요에 따라서는 도로를 개설하여야 하고 쾌적한 주거환경을 만들기 위해 구획정리나 택지개발도 하여야 할 것이고 시민의 문화적 욕구를 충족시키기 위한 문화시설도 지어야 할 것이다. 그러나 개발 그 자체는 자연환경의 관점에서 본다면 규모와 공공적 성격의 크고 작음에 관계없이 자연파괴 행위일 수밖에 없는 것이다. 문제는 얼마나 효과적이고 합리적으로 개발을 추진할 것인 개발방식이다.

난개발이란 정해진 법적 절차에 따라 개발을 하였으나 그 개발로 인하여 오히려 자연재해를 유발시키거나 주거환경을 저해시키는 본래의 목적과는 다른 결과를 초래하는 개발행위를 의미하는 것이다. 모든 것이 법대로 이루어질 수 없는 것이다. 법은 최소한의 조건을 제시한 가이드라인에 불과 한 것이다.

난개발의 행태를 보면 실로 다양하다고 할 수 있다. 가장 흔한 방법이 싹쓸이(Scrape and Built) 방식, 즉 부지의 환경조건에 대하여 전체를 남길 것인지 부분적으로 남길 것인지에 대한 고민도 없이 깨끗하게 밀어내고 새롭게 건축물을 짓고 새롭게 나무를 식재하는 간단한 개발방식이다. 어떠한 형태로든 부지에는 오랜 시간적 흔적이 있을 것이고, 초지였던 택지개발예정지역에도 사소한 것이지만 남겨두어야 할 것이 있을 것이다. 그 곳에는 자연스럽게 형성된 길도 있을 것이고 정성껏 쌓아 올린 돌담도 있을 것이고 비바람

제주대학교 우측 인근 부지에 조성되는 첨단과학기술단지의 조성 전(왼쪽) 모습과 조성을 위한 기반조성 후(오른쪽)의 모습

을 견디고 성장해온 나무도 있을 것이다. 이런 흔적들을 깨끗이 정리해 버리고 새로운 건축물을 지으니 자연히 제주다운 풍경이 사라지게 되고 과거와 현재가 혼재된 품위 있고 역사가 흐르는 도시가 되지 못하는 것이다.

두 번째 방식은 대규모(Big Scale) 방식이다. 많은 사람들에게는 넓은 부지에 높은 건축물을 가능한 한 많이 지어야 한다는 강박관념이 지배적이다. 특히 개발업자는 한정된 부지에 최대의 이익을 얻기 위해 넓고 높게 개발하고자 하는 것이다. 그 사람들에게는 주거환경이나 도시경관에 대하여 고민보다는 이익극대화가 우선적인 것이다. 이는 단순히 개발업자에게 한정되는 것이 아니라 시민을 위한 공공건축물을 발주하는 행정기관의 개발도 마찬가지이다.

세 번째 방식은 메우고 덮는(reclaim and cover) 방식이다. 건천이나 바다를 너무 간단하게 복개하고 매립하는 방식이다. 주차장을 확보한다고 건천을 복개하거나 시민의 휴식공간을 확보한다며 바다를 매립해버리니 바다가 있으되 바다가 보이지 않고 하천은 있으되 지하로 묻혀버리는 어리석은 개발행위가 반복되고 있는 것이다.

네 번째 방식은 불균형적인(Unbalance) 방식이다. 애초 저밀도 주거지역으로 개발하였던 주거지역에 고층건축물이 들어서고 근린생활시설이 무분별하게 들어서고 있으니 주민들 입장에서 보면 건축, 도시행정에 대하여 불신할 수밖에 없을 것이다. 도시계획을 수립할 때 신중하게 검토하되 일괄되게 집행하여야 하는 것이다.

개발은 편리하고 쾌적한 환경을 만들기 위한 것이기에 경제적 요인만이 중심이 될 수 없고 사람보다 자동차가 중심이 될 수 없는 것이다. 개발된 공간 속에서 살아가야 하는 인간이 중심이 되어야 하는 것이다. 따라서 비인간적인 난개발이 되지 않기 위해서는 개발검토 단계에서부터 자연과 인간을 중심으로 하는 개발마인드를 전제로 작업이 이루어져야 할 것이다. 그리고 적어도 위에서 언급한 난개발 방식만이라도 개선되고 피해간다면 어리석은 난개발은 반복되지 않으리라 기대해본다.

5. 도시계획과 재해

2007년 9월 초의 집중호우, 그리고 태풍 "나리"로 인한 재해가 제주에 남긴 상처는 너무나 크고 아팠다. 한천 주변에는 복개 구조물이 위험스럽게 남아있고, 사람들의 마음속에 재해 당시의 쓰라린 아픔이 남아있다.

어르신들의 말씀에는 과거에는 이런 재해가 없었다고 한다. 그런데 왜 이런 재해가 발생했을까 고민을 하지 않을 수 없다. 그 원인은 여러 가지 측면에서 생각해 볼 수 있을 것이다. 그러나 가장 큰 원인은 우리들 인간이 자연에 대해 대항하는 행위들을 너무 많이 하여 왔던 것에 있다고 생각한다.

과거 제주 전통마을을 만들었던 선인들은 어떻게 자연에 대응하고자 하였을까? 일반적으로 우리나라 전통마을은 큰길로부터 떨어진 곳에 놓이게 되는데 산세가 뚜렷하진 않은 제주도의 지형적 특성상 도로체계에 있어서도 육지부와 다른 형태를 나타내고 있다. 즉 육지부와 다르게 산과 하천 등에 의한 지형이 뚜렷하지 않고 작은 골짜기와 오름 등이 많기 때문에 마을 진입의 주요도로를 개설할 때는 산등선을 따라 내던지 혹은 완만한 등고선을 연이어 가면 내는 것이 가장 자연스러울 것이다. 이것은 지형에 순응하는 계획 이념이라고 할 수 있으며 이와 같은 계획개념에 때문에 각각의 도로가 서로 교차하지 않고 자연스럽게 구부러지고 휘는 것이 특징이다. 그러니 불필요한 절토나 성토를 할 필요가 없고 많은 비가 내려도 땅에 스며들거나 물길을 따라 자연스럽게 흘러갔다.

이것은 가옥의 배치방식과도 밀접한 관련성을 가지고 있다고 할

수 있다. 즉 제주도 가옥의 부지는 획일적인 일정한 형태가 없다. 제주도 가옥은 도로를 먼저 계획하고 택지를 분할한 후 건축물 배치하는 방식이 아니라 가옥이 먼저 만들어 지고 지형적인 조건에 따라 돌담이 둘러싸는 형태를 취하기 때문에 획일적인 부지가 결정될 수 없는 것이다. 그러한 가옥배치에서는 지형에 따라 여러 갈래의 물길이 생기기 마련이어서 윗집과 아랫집이 서로 양보하고 이해하여 윗집의 빗물이 아랫집으로 자연스럽게 흘러 하천으로 흘러가게 했으니 비 피해를 입을 수 없었을 것이다. 자연에 대한 사랑이자 이웃 간의 신뢰감, 공동체의 발로라고 할 수 있을까?

그러나 근대화의 이름으로 도입된 도시계획은 자연에 대한 사랑도, 이웃 간의 신뢰감과 공동체 의식을 상실하게 하였다. 오직 자동차의 스피드와 외형적 성장만을 중시하여 왔다. 이른바 근대도시의 기본 이념은 건축가 르 꼬르뷔제에 의해 자동차문화에 근간을 둔 새로운 이상적인 도시가 태동하게 되었다. 그의 간결(簡潔)한 도시이론과 미래도시계획의 아름다운 표현은 많은 사람들, 특히 건축가와 도시계획가의 마음을 사로잡아 커다란 센세이션을 불러일으켰다. 그러나 불행하게도 그의 이상적인 도시이론은 지금 세계 도시에 있어서 많은 문제가 표출되고 있고, 뒤늦게 많은 사람들이 마천루와 자동차 도시의 병폐를 인식하게 되었던 것이다. 친환경도시, 생태도시가 주목받는 것도 그와 같은 배경 때문이다.

그러나 여전히 제주지역에서 생산해 내고 있는 도시계획들은 지극히 자동차 중심의 기능적이고 획일적으로 구획한 도시공간계획

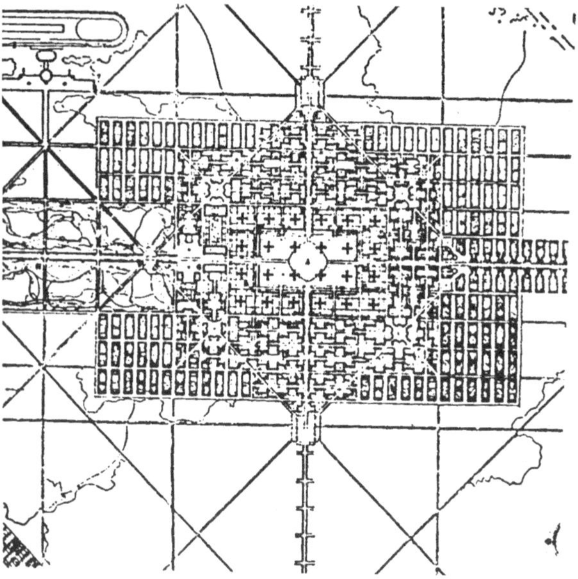

르 꼬르뷔제의 「현대도시계획안」(1922년)

에 지나지 않는 것이 대부분이다. 지금 이도지구, 아라지구, 노형지구 등의 이른바 주거환경 개선을 위한 도시개발 사업이 대표적인 사례이다. 이들 도시계획에는 제주 특유의 지형적인 조건에 대한 배려도 없거니와 원풍경에 대한 고려도 없다. 특히 사람을 위한 녹지공간도 단순히 법적 조건에 맞추기 위한 것에 불과하고 보행자 전용도로와의 연계성도 없다. 사람을 위한 도시계획이 아니니 당연히 위험요인들이 혼재하고 친환경적이지 못한 것이다.

이번 재해의 발생 장소는 도시공간이었고 특히 자연에 대항하여 불필요한 구조물을 만들었던 지역에서 발생하였던 점을 간과 하고 있는 것이 아닌지 걱정스럽기만 한다. 이제 도시개발계획의 개념을 자동차와 경제성 추구의 도시에서 자연과 인간중심의 도시로 전환되어야 할 것이다. 아울러 난개발 예방을 위한 제도적 개선과 개발방식의 재점검이 필요할 때이다. 그것이 "특별한 자치도"이자 "국제자유도시"의 시발점이다.

6. 제주지역 재해의 교훈

2007년 9월 초의 호우로 인한 재해와 태풍 나리에 의한 피해의 원인과 복구를 둘러싸고 많은 논쟁이 있었다. 그러나 자연재해(自然災害)이든 인재(人災)이든 어느 한쪽의 문제로만 넘길 수 없는 그저 단순한 문제는 아닌 것 같다. 왜냐 하면, 과거의 통계자료를 들여다 볼 때 항상 일정한 주기를 갖고 제주지역에서 재해로 인한 피해를 겪고 있기 때문이며 이에 대한 준비를 얼마나 철저히 해왔는지가 더욱 중요한 문제이기 때문이다.

결과론적으로 이야기하자면, 이번 태풍 나리에 의한 재해의 경우도 조금 더 예방적 차원에서 준비되었다면, 특히나 재해가 발생하

(사진제공 : 제민일보 박민호 기자)

였을 때 조금 더 지혜롭게 대처하였다면 귀중한 목숨과 재산을 그렇게 많이 잃지는 않았으리라 생각한다.

주기적으로 경험하는 재해에 대해 행정당국이나 언론에서는 항상 사후 약방문식으로 벌어진 상황에 대하여 심각하게 이야기하고 또한 문제점을 나열하기 바쁘다. 특히 한심스러운 것은 행정당국의 재해에 대한 인식이나 업무처리 방법이다. 도대체 왜 반복적으로 재해가 일어나는지에 대한 의문과 원인 규명에 대한 관심과 노력에 집중하기 보다는 언제나 그러하였듯 피상적인 복구에 시간과 비용을 집중하고 있으니 근본적인 해결방안이 될 수 없는 것이다.

과연 복구만으로 제주지역에서 경험하였던 재해의 아픔이 완치되었는가? 외형적인 문제만 치유되었을 뿐 근본적인 원인을 제거하거나 제거하기 위한 장단기적인 대책이 전무(全無)하게 보인다.

다시 한번 생각해본다. 지속적이고 반복적인 재해에 대하여 우리는 어떻게 준비하여 왔는가? 그리고 과연 제주지역에서 이루어지고 있는 개발행위는 난개발이 아닌가? 사실 우리들은 제주의 땅이 지닌 잠재적 능력을 너무나 무시하였거나 간과한 것 같다. 건천이기 때문에 너무나 쉽게 복개를 하였고 중산간 지역에 있어서는 너무 쉽게 골프장과 도로를 개설하면서 지표면의 함수능력을 저하시키거나 곶자왈을 훼손시키지나 않았는지 다시 한번 생각해 보아야 할 때인 것 같다. 그리고 난개발을 막기 위한 각종 법규가 정상적으로 작동되었는지 등에 대한 검토가 필요할 때이다.

국내 주요 방송국 PD가 제주지역의 재해를 치수(治水)측면에서의 문제에 초점을 두고 취재한 적이 있다. 제작담당PD가 제주에서의 취재활동을 통해 몇 가지 놀란 점을 이야기하였는데, 하나는 광범위하게 이뤄지고 있는 개발행위가 의외라는 점과 두 번째는 제주도청을 비롯한 담당부서 공무원의 의식이라고 하였다. 특히 제주에는 난개발이 없다며 항변하는 담당공무원의 이야기에 새삼 제주환경보존의 한계점을 인식하게 되었다고 한다.

한 가지 위안이 되는 점은 재해를 경험한 많은 마을의 주민들 스스로가 재해의 문제점을 정확히 파악하고 있고 이를 개선하고자 하는 의지와 노력이 조금씩 싹트고 있다는 점이다. 비록 재산과 인명 피해는 입었지만, 어설픈 개발이 우리에게 얼마나 큰 짐을 줄 수 있는지, 그리고 친환경적인 개발이 얼마나 중요한지를 몸으로 체험하였다는 점은 앞으로 개발방식에 있어서도 지역주민의 대응

방법도 크게 달라지리라 생각한다.

이제 안전도시를 지향하는 제주는 더욱 재해에 강해질 수 있어야 한다. 그러기 위해서는 가장 먼저 지금까지 축척되어 있는 재해관련 데이터를 새롭게 정리하고 분석하여 소위 재해지도를 작성해 봄으로서 구체적으로 어떠한 지역에 어떠한 원인으로 인해 피해를 입었는지를 명확히 찾아내는 것이 중요한다. 이러한 재해 지도를 근거로 사전예방과 사후 대처방안을 수립할 수 있기 때문이다.

사전 예방으로는 하천 복개와 같은 인위적인 구조물의 철거를 포함한 소하천의 정비, 도시개발에 있어서 우수관리, 지면으로의 투수성을 높이기 위한 소규모 녹지공원의 확대, 특히 제주의 허파라고 할 수 있는 중산간 지대에서의 친환경적 개발 혹은 개발억제가 중요한다.

제주의 국제자유도시, 안전도시는 이러한 조건을 담보로 가능하리라 생각하며, 두번 다시 이러한 재해가 없기를 기원한다.

제5장

제주 도시건축의 미학

05

제주도는 산과 하천 등에 의한 지형이 뚜렷하지 않고 작은 골짜기와 오름 등이 많기 때문에 마을 진입의 주요도로를 개설할 때는 산등선을 따라 내던지 혹은 완만한 등고선을 연이어 가면 내어, 자연스러운 도로가 만들어졌다.

비록 획일적인 도시계획으로 인해 원래의 모습이 많이 변형되었지만, 도시공간을 들여다보면 여전히 크고 작은 길, 완만한 경사지내의 길과

가파른 경사지의 길, 비교적 평탄한 길을 구성되어 있고 이들 길을 따라 노후화된 단독건축들이 자리 잡고 있어 독특한 삶의 문화풍경을 만들어 내고 있다.

1. 건축이 살아야 제주가 산다

오래전에 국제자유도시와 관련하여 회의에 참석했다가 창피한 경험을 한 적이 있다. 제주의 미래를 논의하는 과정에서 제주의 도시와 건축에 대한 이야기가 나오자 관광분야의 어느 교수께서 제주의 건축과 도시가 볼품없는 촌스러운 모습으로 변하고 있다며 불만스럽게 이야기를 하였던 것이다. 그리고 이런 도시를 무슨 국제자유도시라고 할 수 있겠느냐며 더욱 목소리를 높이는 모습이 아직도 눈에 선하다. 그때 다른 사람들이라면 몰라도 건축분야의 전문가라고 불려온 필자로서는 그 자리에 있다는 것만으로 무슨 죄를 지은 듯한 느낌이었다.

그래도 아직까지 덜 개발된 녹지지역과 비교적 낮은 건축물, 그리고 멀리 한라산과 바다를 접할 수 있다는 점 때문에 제주다움을 유지하고 있다. 그나마 제주의 풍경을 유지해 주었던 이들 요소들마저도 개발이라는 이름아래 하나 둘 변화되고 훼손되어가고 있으니 제주라는 도시가 언제까지 우리들 마음속의 휴식처로서 남아있을지 걱정스럽기만 하다.

국제자유도시가 제주의 미래라고 한다면, 더욱이 제주에서만 볼 수 있는 건축과 도시가 존재해야 할 것이다. 자신의 모습이 없는데 어떻게 외국 손님들에게 제주를 자랑스럽게 보여줄 수 있으며 역사와 지역의 문화가 고스란히 스며든 독특한 건축과 도시가 없는 제주에 매력을 느낄 수 있을 것인가?

역사성도 없고 지역성도 없는 제주의 도시와 건축을 누가 만들었는가? 누구의 책임이라고 하기보다는 행정기관, 건축사, 학계, 그리고 시민 우리 모두의 책임일 것이다. 행정기관의 도시와 건축행정을 담당하는 분야에는 건축기술직이 책임과 소신 있게 일할 자리가 없다. 현재의 직급을 보면 건축분야에는 계장과 과장 직급뿐이다. 게다가 도시 및 건축 관련법이 개정되면서 도시분야와 건축분야의 업무가 구분되어 이제는 도시계획업무에 건축이 관여할 수 없는 시스템이 되었다. 또 하나의 문제는 도시분야와 건축분야 공무원의 전문성 확보이다. 많은 도시 및 건축분야의 공무원들이 묵묵히 열심히 근무하고 있지만 새롭게 변화되어 가는 사회 속에서 도시설계기법이나 지역건축, 풍토건축에 대한 지식을 습득한 기회가 없다. 국제자유도시를 이끌어가기 위해서는 이들 분야의 공무원들에 대한 장기해외연수와 학위과정 등을 통해 전문지식을 습득할 수 있도록 인재육성프로그램과 적극적인 지원이 필요하리라 생각한다.

또 하나의 걸림돌은 건축에 대한 일반 시민 혹은 건축주의 의식구조이다. 대부분의 건축주는 잡화품 가격 흥정하듯이 설계비를 낮추고 심지어는 여러 곳의 설계사무실을 전전하며 가격을 비교하면서 흥정하기도 한다고 한다. 건축심의결과가 불만스러워 해당 課를 찾아가 언성을 높이고 막무가내로 해결을 요구하기도 한다. 이러니 도시와 거리를 장식하는 멋진 건축물이 만들어질리 없다.

건축사 자격을 취득가기 위해 5년제 대학을 졸업하고 실무경력을 거쳐야 겨우 시험응시자격이 주어진다. 게다가 합격률은 의사고

시보다 낮은 편이다. 그러나, 우리나라 사회는 도시와 거리를 아름답고 풍요롭게 그리고 역사성과 지역성이 넘치는 도시와 건축을 만들어 가는 예술가로서의 건축사를 존경하기보다는 그저 값싼 도면이나 그리는 복덕방 업자 같이 취급하고 있다. 건축전문가로서의 건축사 자신도 이 땅에 역사와 문화, 그리고 자연이 어우러진 건축물을 구축하기 위해 부단한 고민과 노력이 있어야 할 것이다. 작품성보다는 한 푼의 영업이익이 우선된다면 이미 자신이 그린 도면은 제주의 도시와 거리를 장식하는 건축이라기 보다는 단순히 건물 수준일 것이다. 건축주를 설득하고 이해시키면서 자신의 건축철학을 고집스럽게 지킬수록 전문가로서의 건축사의 사회적 위치가 확고할 것이다.

국제자유도시의 성공, 그리고 우리가 살아가는 풍요로운 삶의 공간을 만들기 위해서는 건축이 살아야 하고 건축이 살아야 제주가 산다. 이를 위해서 건축직의 전문성 확보와 조직내 건축직의 역할이 확대되어야 할 것이다. 그리고 지역의 건축을 문화적 차원에서 아끼고 사랑하는 예술적인 안목이 있는 시민들을 많이 육성하여야 하고 건축사는 건축을 만드는 철학과 소명의식이 필요할 때이다. 그리고 가장 중요한 것은 서로의 역할과 전문성을 존중하고 신뢰하는 믿음이 구축되어야 할 것이다.

2. 제주는 있는가?

사시사철 변화하는 한라산에 가슴 뭉클해지고, 넓디넓은 푸른 바다에 가슴이 훤해지고, 자라나는 풀 한포기에 생명의 아름다움과 소중함을 느끼게 된다. 제주는 모든 것이 자연이고 한편으로는 우리들의 소중한 삶의 터이기도 한다. 제주는 자연과 사람이 어우러진 공존의 법칙이 존재하는 장소라고나 할까? 주말이면 단체관광객뿐만 아니라, 가족이나 신혼여행객들로 제주의 명소는 활기차게 이루어진다. 얼굴에는 웃음이 가득한 여유로움이 엿보이고, 복장은 벚꽃과 유채꽃의 아름다움만큼이나 화려하고 화사하게 느껴진다.

제주를 찾는 사람들의 대부분은 자연속의 제주를 보기 위해 오는 사람들이다. 제주를 둘러보면서 자연과 사람, 사람과 자연이 어울리면서 살아온 삶의 흔적과 제주사람들의 인정 훈훈한 멋, 토속 음식문화의 맛을 흠뻑 느끼고 돌아가고 싶을 것이다.

제주특별자치도가 추진되고 있지만, 우리들이 잊지 말아야 할 것은 가장 제주적인 것이 가장 세계적인 것이라는 평범한 사실일 것이다. 제주가 주목받는 만큼이나 인간의 인위적인 변화의 손길이 미치기 마련이다. 관광지로서의 개발과 아울러 이 땅에 살아가는 사람들의 삶의 질적 향상이라는 측면에서 너무나 많은 인위적인 개발이 추진되어 왔다.

당연히 개발정책은 지속적으로 추진되어야 할 것이다.

그러나 개발 그 자체는 직접 혹은 간접으로 자연환경에 영향을 줄 수밖에 없는 것이기에 체계적인 수법이 없는 개발은 오히려 하지 않은 것보다 못한 결과를 낳기 마련일 것이다.

이 땅 제주에 살고 있는 사람으로서 정말 제주를 신천지로 느끼고 신천지(살기 좋다는 의미로서)로 만들기 위해 노력하고 있는지, 그리고 우리들은 큰 것만을 꿈꾸고 있는 것은 아닌지, 소박한 의문을 가져보기도 한다. 우리는 항상 "세계적"이고 "아시아 최고와 최대"만을 목표로 꿈꾸고 생각하는 것 같다. 세계적인 관광지, 아시아 최대 규모, 국제적인 도시를 지향하면서 개발이라는 이름 아래 의식적이든 무의식적이든 아름답고 멋들어진 풍경을 망가뜨린 것은 없는지 다시금 생각해 봐야 할 것 같다. 목표는 넓고 크게 세워야 하는 것은 당연하겠지만, 추진하는 방향과 방법은 세계적이지 않아도 좋을 것 같다.

매년 많은 사람들이 제주의 푸른 바다와 밤, 푸른 숲, 그리고 제주사람들의 풍성한 인심과 먹거리를 찾아서 제주로 몰려 올 것이다. 그들의 마음속에 여전히 신천지로서의 제주 이미지, 그리고 아날로그와 디지털이 조화된 제주 이미지를 고스란히 간직한 채 돌아갈 수 있는 아름다운 풍경이 있는 제주를 만들어 갔으면 한다.

3. 제주를 아시나요?

외국출장을 가면, 가장 많이 질문 받는 것이 어느 나라에서 왔는지, 그리고 어디에 사는지에 대한 것이다. 그때는 어김없이 준비해 두었던 수첩의 조그마한 지도를 꺼내 한국이라는 나라에 대해 이야기를 하고 이어서 그 밑에 자리한 조그마한 섬, 제주도에 대해 설명을 하곤 한다. 그런데 문제는 제주에 대한 이야기를 많이 해주어야 하는데 구체적으로 설명을 하기 참으로 난감한 것이 한두 가지가 아닌 것이다. 그저 미국의 하와이 혹은 인도네시아의 발리와 같은 맑고 사람살기 좋은 곳으로 많은 사람이 찾는 관광지에다 지금은 홍콩이나 싱가폴처럼 국제자유도시로 변하고 있다고 설명하는 정도이다.

필자는 캐나다의 밴쿠버에서 1년 동안 거주한 적이 있다. 이곳에는 자연의 절경과 아름다운 도시를 배경으로 아름다운 추억을 만들기 위해 세계 각국에서 많은 사람들이 방문하는, 문자 그대로 세계적인 도시라고 자타가 인정하는 곳이기도 하다. 필자가 이곳에 살면서 놀란 점은 캐나다 특히 이곳 밴쿠버의 사회는 다양한 민족과 다양한 문화가 혼재해 있는 모자이크 도시라는 점이다. 이러한 다양한 문화 속에 생활양식도 다양한 것 같다. 그중에서도 가장 흔하게 접할 수 있는 것이 많은 인구를 가진 인도계의 문화, 그리고 중국과 일본의 문화도 쉽게 접할 수 있다. 밴쿠버의 식당 여러 곳에서 동양의 문화적 상징이라고 할 수 있는 젓가락을 사용하는 사람들을 자주 볼 수 있기 때문이다.

이미 오랜 역사적 흐름 속에 자리 잡은 차이나타운과 중국의 음식문화는 가장 손쉽게 가장 손쉽게 접하는 음식문화인 것 같다. 게다가 스시로 대표되는 일본의 식문화를 통해 독특한 일본의 문화 역시 자연스럽게 캐나다 사회에 스며들고 있는 것 같다. 자연히 이들 나라에 대한 관심이 높을 수밖에 없고 어떤 나라에 대해서는 제품에 대한 이미지도 긍정적으로 평가되어 구매력을 높이는 계기를 제공하는 것 같다. 그만큼 국가 혹은 지역 이미지는 중요하다고 할 수 있다.

국내언론에 국가 이미지 브랜드에 대한 기사가 소개되었던 적이 있다. 우리나라는 올림픽이나 월드컵 등과 같은 국제경기 유치와 삼성과 같은 지명도가 높은 기업들이 있음에도 불구하고 국가를 대표하는 이미지 브랜드가 없어 국제무대에서의 인지도에서 취약하다는 내용이었다. 국가 이미지는 단순한 관광부문 뿐만 아니라 시장확보 및 투자 유치 등 다방면에서 그 중요성이 강조되고 있다. 한국의 이미지는 주로 노사분규나 북한의 핵문제와 같은 부정적인 이미지가 강하다고 한다, 게다가 마케팅에 있어서 가까운 일본이나 중국에 뒤떨어지고 있는 것으로 평가하고 있다.

뉴질랜드는 "100% 순수", 말레시아는 "진정한 아시아", 태국은 "눈 부신" 홍콩은 "아시아의 세계도시" 등을 국가 혹은 도시의 이미지를 브랜드화 하여 홍보하고 있다고 한다.

적어도 아시아에 한정하여 보아도 한국의 이미지는 산업화 이미지는 남아있을는지 모르겠으나 아름답고 멋진 곳, 그래서 꼭 한번쯤 아니면 휴가철에 매년 방문하고 싶은 나라의 이미지는 아닐 것이다.

인도네시아의 조그만 섬, 발리를 보아도 관광 마케팅으로 브랜드화가 성공한 것이다. 발리하면 주변 환경이 맑고 깨끗한 여유로운 휴양지의 이미지를 가질 것이다. 이곳 밴쿠버의 여행사 사무실에도 어김없이 발리의 모습이 담긴 관광홍보책자가 꽂혀있는 것을 본적이 있다. 아마 한해 열심히 일한 사람들이라면 한번쯤 찾아보고 싶은 충동을 느낄 것이다.

그럼, 과연 제주의 브랜드화와 홍보 전략은 무엇일까?

제주가 지향하는 목표는 국제자유도시임에도 아직은 홍콩이나 싱카폴보다 지명도가 떨어지고, 세계적인 관광지역으로 거듭나야 한다고 하지만 발리만큼 세계 각국에서 많은 관광객이 오지도 못하고 있다.

한국 속에 제주, 그리고 세계 속의 제주를 어떻게 알릴 것인가, 국가적 이미지 전략의 수립과 아울러 제주의 이미지 전략도 새롭게 구상하여야 할 때이다. 국제자유도시, 세계적인 관광지로 거듭나기 위해 매년 많은 노력을 하고 예산을 사용하고 있으나 그 효과와 평가가 이루어지고 있는지, 내용과 조직에 대해 다시 한번 생각해봐야 할 것 같다.

4. 제주다움의 의미

도시건축분야에서 자주 듣거나 사용되는 단어 중의 하나가 "제주다운"이라는 표현이다. 이 단어가 자주 사용되고 강조될 수밖에 없는 그 배경에는 지금 현재의 제주에는 오래전 볼 수 있었던 한라산을 배경으로 하는 제주초가의 여유로운 삶의 풍경, 그리고 초가의 돌담 뒤편에 핀 동백꽃, 밭을 따라 피어난 유채꽃 등 계절에 따라 다양하게 피어나는 아름다운 꽃들이 함께 어우러진 제주만의 생활문화풍경이 사라져 가고 있기 때문이다.

제주만의 고유 풍경에는 무엇이 있을까? 그 해답은 고지도(古地圖)를 통해 제주지역이 가지는 고유의 경관 이미지를 파악 할 수 있을 것이다. 1700년대에 제작된 제주삼현도(濟州三縣圖)에 나타난 제주의 모습을 보면, 관아명과 지명, 성(城)·봉수·연대 등의 방어시설뿐만 아니라, 한라산과 각종 오름, 목장, 포구, 하천 등이 표기되어 있다.

이를 통해 알 수 있듯이 제주의 주요 경관요소가 바로 한라산을 중심으로 각종 오름, 목장, 포구, 하천임을 알 수 있고, 제주인들은 이러한 자연환경을 바탕으로 독특한 삶의 문화와 고유 풍경을 형성하여 왔던 것이다. 다시 말하면, 이러한 요소들이 제주를 연상시키는 고유의 언어이며, 인위적인 개발과 조화되게 제주다움을 형성하는 중요한 자원(資源)이기도 한 것이다.

그러나, 시대가 변하고 또한 생활양식 변하고, 세대를 이어가는 사람들의 가치관이 변하면, 변해갈 수밖에 없는 것이 건축·도시공간 속성이라고 할 수 있다. 제주도와 제주인은 해방이후 시대적 정치적 상황에 따라 타의적으로 변화되었거나, 혹은 스스로의 생존을 위하여 변화를 추구하면서, 역사성과 장소성이 강한 제주의 건축과 도시(마을)의 변화와 현대적 건축과 도시공간의 유입이라는 양면성을 지닌 채 오늘에 이르고 있다. 그런데 이러한 과정 속에서 불행하게도 우리들은 제주 고유의 문화풍경, 삶의 풍경을 너무 쉽게 파괴한 것 같다. 그렇기 때문에 더욱 제주다운 풍경을 더욱 그리워하는지 모르겠다.

제주다움에 대한 생각은 주관적이며 추상적이기 때문에 개인에 따라 다를 것이다. 한 가지 분명한 것은 건축과 도시는 형태와 공간적 기능을 통하여 그 시대의 사회적 변화 요인, 지역적 제반조건과 동시대 사람들의 삶을 반영하는 공동구현체이며, 역사적 산물이라는 점이다.

지역 고유의 장소성과 역사성이 가장 잘 표출되고 있는 지역이 바로 제주도이다. 제주도는 지리적 관계로 인한 제한적인 인적 물적 교류, 전형적인 해양성 기후조건 등으로 인하여 제주인의 삶 그 자체는 한반도 다른 지역과는 구분되는 독특함을 지니고 있다. 과거의 도시들은 오랜 세월을 통해 여러 사람들의 손을 거치면서 어렵게 개발되어 왔으며, 제한된 재료와 동일한 건축양식 속에서 개인에 의하여 형성된 다양성이 도시전체의 통일성과 조화를 이루면서 나름대로의 도시를 형성해 왔다고 할 수 있다.

이러한 시각에서 제주를 본다면, 제주의 도시는 짧은 기간에 소수의 사람들에 의하여 신속한 도시개발이 진행되어 왔으며, 다양한 건축 재료와 풍부한 시공방법에도 불구하고 도시의 모습은 획일화되고 무표정하며, 삭막한 회색빛 도시화된 것이 현실일 것이다.

21세기는 지역문화의 시대이다. 여유 있는 삶의 공간을 형성 유지·발전시켜 제주다움 그리고 제주의 아름다운 삶의 풍경이 가득한 도시의 아름다움을 추구하여야함은 이 시대를 살아가는 제주도민의 권리이자 의무인 것이다.

5. 제주 돌담 미학

밭담

제주는 삼다(三多, 돌 바람, 여자)라고 불러질 정도로 돌이 많다. 땅이 척박하고 돌이 많을 수밖에 없는데 이러한 돌을 이용하여 밭의 경계를 구분 지었던 것을 밭담이라고 한다.

돌담이 제주에 나타난 것은 그리 오래 되지 않았다. 제주의 중요한 풍경 중의 하나가 된 돌담이 정착하기 시작한 것은 조선 고종때부터라고 전해지고 있다. 당시는 경작지의 경계가 불분명해 이웃의 경작지를 침범하기도 하고 지방 세력가들이 백성의 토지를 빼앗기도 하는 등 토지를 둘러싼 분쟁이 끊이지 않았다고 한다. 그래서

고종 때부터 제주에 고위관료들이 파견돼 통치하기 시작했는데, 고려 고종 21년부터 고종 27년까지 재임했던 김 구 제주판관이 지방의 사정을 자세히 살펴보고 토지소유의 경계로 돌을 이용해 담을 쌓도록 했다고 한다. 돌담을 쌓은 후부터 토지경계의 분쟁이 없어지고 방목했던 소와 말에 의한 농작물 피해가 줄었다. 특히 제주 특유의 바람을 막아내는 역할까지 했던 것이다.

아울러 제주의 밭담은 서로 완만한 곡선으로 연결되어 있고 지형에 맞게 계단형식으로 조성된 경우도 있어 독특한 제주의 풍경을 연출하기도 한다.

산담

제주지역을 둘러보면 눈에 들어는 특이한 풍경 중의 하나가 오름(기생화산)과 경작지에 산재해 있는 묘지와 산담이다. 오름에 자리잡은 묘지는 방목한 가축에 의해 묘지가 훼손되지 않기 위한 것이고, 경작지의 산담은 돌아가신 분의 집 울타리 경계로서 동일한 공간에서 산 자와 죽은 자가 함께 공존하는 삶의 한 풍경을 만들어내고 있다. 산담이라는 용어는 순수 제주어로서 「산」은 묘지를 의미한다. 산담에는 출입구가 좌측과 우축 측면에 마련돼 남자와 여자의 출입통로가 다르며, 오른쪽이 남자, 왼쪽이 여자의 출입통로가 된다.

제주의 돌담은 어떠한 장소에 사용되는 가에 따라 다양한 의미와 기능을 가지고 있다. 예를 들면, 전통초가의 외벽에 쌓은 '축담'이 있고 큰길에서 집으로 출입하기 위한 골목을 따라 쌓은 '올랫담' 그리고 밭과 밭의 경계를 짓는 '밭담', 가축을 방목하기 위해 성처럼 길게 쌓은 '잣담' 등 돌담의 종류도 많고 기능도 다양하다.

특히 묘지 주위에 돌을 쌓아 경계를 이루고 있는 담을 의미하는 것으로 제주에서만 볼 수 있는 독특한 형태이다. 특히 산담의 위치를 보면 밭이나 과수원, 오름 등에 위치한 것이 많은데 살아있는 자의 세계와 죽은 자의 세계를 경계 짓는 영역이기도 하다. 제주 지질의 특성상 농사짓기에 적당하지 못하고 그래서 생활 그 자체가 어려웠던 척박한 환경 속에서 살아왔던 제주사람들의 삶과 죽음을 초월하는 지혜를 보여주는 것이기도 하다.

6. 느림의 미학

음악에 대해서는 특별한 지식이 없는 필자로서는 그저 느린 템포의 가야금 음률이 좋아서 가끔 듣곤 한다. 느린 음악을 들으면서, 마음까지 느긋해지고 여유로워진다. 은은하게 흐르는 가야금의 음률을 듣다보면, 마음까지 잔잔해지고 '느림'의 음률에 젖어 들면 주변의 모든 것이 고요해진다. 우리 선조들은 느림을 사랑하고 느림을 즐겼던 것 같다. 경치 좋은 곳에는 어김없이 정자가 있고 그곳에서 한가로이 술잔을 기울이며 자연경관과 음악을 벗 삼으며 담소를 나누었다.

그러나 언제부터인가 우리들은 빨리 모든 작업을 끝내야 하고 다음을 일을 해야만 직성이 풀리는(풀어야 하는) 사회에 살고 있는 듯하다.

'빨리 빨리' 진행되는 일상생활 속에서 살고 있다. 마음의 여유가 없고 항상 초조하고 그래서 스트레스라고 하는 만병의 원인을 달고 산다. 그러다 보니, 대부분의 사람들은 작은 일에도 과민반응을 보이기 일쑤다. 조그마한 실수도 인정하기 어렵고 다른 사람들의 의견을 수렴하여 자신의 의견을 수정할 수 있는 여유도 없다.

한국에 살고 있거나 살았던 외국인의 한국에 대한 이미지를 몇 가지의 단어로 표현하라고 하였더니 그중에서 가장 많았던 것이 '빨리 빨리'였다. 이제 이 단어는 한국을 대표하는 고유명사가 되었다고 해도 지나친 표현을 아닐 것이다. 우리들 스스로도 이러한 점을 인정하고 있으니 말이다.

이러한 한국적 '빨리빨리 문화'는 아마도 1960년대 이후부터 시작된 개발정책과 무관하지 않을 것이다. 극도로 낙후된 도시의 기반시설, 농촌의 열악한 주거환경, 낮은 소득수준 등 당시 정부가 해결해야 할 문제들이 산적해 있었고 이를 해결하기 위한 각종 정책이 동시다발적으로 추진될 수밖에 없었을 것이다. 모든 작업을 빨리 빨리 추진해야 했던 그 당시의 사회적 분위기 때문에 빠름의 미학적 가치관이 자연스럽게 우리들의 생활에 정착하게 되었는지 모르겠다. 뒤돌아보면, 세계 어느 국가에서도 이루지 못한 정말 괄목할만한 엄청난 일들을 해냈고 이를 두고 외국에서는 "한강의 기적"으로 표현하기도 하였던 기억이 난다.

'빨리빨리 문화'는 굳이 육지부에 국한된 문제는 아닐 것이다. 1960년대부터 시작된 관광지개발로 인하여 제주도는 국내최고의 관광지로 성장하게 되었지만, 그 과정에서 개발이라는 미명아래 너무나 많은 것을 상실하기도 하였다. 관광객에게 제주바다의 아름다움을 보여주기 위하여 해안선 도로를 개설하였고, 유명 관광지에는 어김없이 상업성 짙은 건축물이 덩그러니 자리 잡고 아름다운 제주의 경관을 가로막고 있다.

그리고, 우리들의 주거공간을 들여다보면, 과거 주거환경개선이라는 이름아래 제주의 초가지붕이 스레트 지붕으로 바뀌었고, 경운기의 진입을 용이하게 하기 위하여 올래를 없애고 마을 길을 넓히기도 하였다. 이제는 제주의 모습을 보기 위해 제주에 오는 것이 아니라, 그나마 보존된 제주의 모습이 있는 마을을 찾아오는 정도이다.

멀쩡하게 있던 하천이 자동차공간을 위해 복개되었고, 개발할 땅이 부족하다는 이유로 공유수면을 매립하기도 하였다. 오래전에는 교통량이 많다는 이유 때문에 5·16도로를 확장하려는 계획이 큰 문제가 되기도 하였다. 이것이 제주의 개발계획의 현주소인가라고 생각하며, 좀 더 깊이 있고 세밀한 계획을 세우지 못할까 못내 아쉬움이 남기도 하다. 아이러니컬하게도 과거의 이러한 개발들이 생태라든지 자연친화라는 이름아래 비판받으며 철거 복원되고 있다는 것이다. 산지천이 그러하고 병문천이 좋은 사례일 것이다.

1960년대 산지천

산지천 철거(1996)

1968년 산지천 복개 이후의 모습

복원 직후의 산지천

학회 편집회의 관계로 서울에 출장을 자주 가곤 한다. 언제나 그러하듯 많은 분들이 먼 곳 제주에서 왔다는 이유만으로 관심을 보여주셨는데, 그 중 한 분이 질문을 던지셨다. 질문의 요지는 "용두암에 세워진 건축물의 경관훼손의 사례를 들면서 왜 제주에서는 개발할 때 신중하고 조심스럽게 계획을 세우지 않는가?"라는 것이었다. 아직도 많은 사람들은 제주의 아름다운 경관을 이미지로 떠올리고 있고, 가고 싶은 곳 살고 싶은 곳으로 생각하고 있다. 아마 그분도 제주를 사랑하는 마음에서 그러한 질문을 했을 것이다.

이제 제주를 둘러싼 개발과 발전계획들은 빠름의 미학적 가치관에서 느림의 미학적 가치관으로 전환하여 새롭게 되새겨 보아야 할 시기이다. 무엇보다 더 중요한 것은 제주인의 삶과 문화를 알리는 것일 것이다. 굳이 시원하게 개통된 도로가 아니라 구부러진 길에서, 깨끗하게 보존된 성읍과 표선마을이 아니라도 우리들의 일상생활공간인 마을에서, 그리고 복개되거나 매립된 공간이 아닌 자연스러운 공간에서 제주인의 삶의 흔적을 찾을 수 있는 거리의 풍경이야말로 정말 제주다움이며, 관광객이 느끼는 독특한 제주의 삶의 문화일 것이다.

단순한 경제논리와 편리성 때문에 빨리빨리 서둘러 도시와 관광지를 개발하기보다는 잠시 뒤돌아보면서 여유 있게 할 일을 챙겨보는 것도 좋을 것 같다. 느리게 시작하는 것이 뒤떨어지는 것은 아니다. 오히려, 냉정하고 치밀하게 일을 추진할 수 있는 여유를 가질 수 있는 것이며, 또한 미래에 후회하는 과오를 남기지 않을 것이다.

우리에게 부족한 것은 뭔가를 찾고 생각하는 '느림 속의 여유'이다.

이제 우리 생활 속에 다시 '느림'을 들여와 보자. 느긋한 마음으로 세상을 보고 조금은 느린 걸음으로 걸으며 바깥 경치로 감상해 보자. 작은 것에서도 즐거움을 느낄 수 있을 것이다.

7. 건축의 문화성과 공공성

최근 몇 년 전부터 해외여행을 다녀온 분들이 많아 졌다. 그런 분들일수록 우리나라 건축물에 대한 이야기를 많이 하는 것이 공통점이라면 공통점이기도 하다. 왜 우리나라에는 미국 뉴욕 맨해튼에 있는 쿠켄하임 미술관, 호주 시드니 오페라 하우스, 스페인 바르셀로나 성 페밀리성당, 그리고 유렵의 고풍스러운 건축물이 없는지 질문을 하는 경우가 많다. 덧붙여 우리나라의 건축사(建築士)는 그 정도의 실력이 없는지 묻기도 한다.

단언하건데 우리나라의 건축사가 그런 건축물을 설계할 능력이 없는 것이 아니라 설계할 환경이 되지 못하는 것이다. 게다가 자본이 있다고 외국에서 볼 수 있는 건축물, 그리고 그런 건축물이 가득한 아름다운 도시가 만들어 지는 것은 아니다. 아름답고 멋진 도시 건축을 만들어 가기 위해서는 문화라는 사회적 가치관 형성이 중요하다. 외국의 경우, 건축이나 건축가에 대한 인식이 우리들과 너무 다르다. 그네들은 건축사는 문화예술가이고 건축물은 그런 문화 활동의 결과물로 받아들이는 것이다.

건축이란 무엇인가? 건축의 정의를 다루기 위해서는 먼저 그 기원을 살펴볼 필요가 있다. 건축의 기원에 있어서 그 대부분을 차지하는 것은 원시적 혹은 토착적 형태로서의 건축물이다. 인위적 환경으로서의 건축물은 마치 의복이나 음식과 같은 하나의 특정한 대중문화(인조환경 양식=스타일)를 형성하는 것이다. 이와 같은 대중문화적 요소로서의 건축물은 아름다움을 갖는 동시에 인간이 실제로 사용하여야 한다는(혹은 할 수 있어야 한다는) 실용성과 안전성이 강하게 요구되기 때문에 다른 예술분야와는 달리 문화적 예술과 기술의 복합체(複合體)로서 상당히 복잡한 성격을 가지게 된다. 다시 말하면 건축의 궁극적인 목표는 튼튼한 것(强) 못지않게 편리(用)하면서도 아름다움(美)을 가져야 한다는 것으로 구조가 가지고 있는 기술 자체의 솔직한 표현(强), 이용하기 편리한 공간(用), 그리고 건축 형태가 가진 본래의 아름다운 성질(美), 그리고 이들의 종합적이고 균등한 관계에 의해 이루어진다고 볼 수 있다.

이런 점에서 건물과 건축의 차이점은 명확하다. 예술성과 기술이 가미되지 않은 창고와 같이 단순히 사람들이 들어가 행위를 할 수 있는 구조물이 건물이고, 사찰이나 성당과 같이 단순한 인간의 생활을 담는 기능뿐만 아니라 미적 감동의 요소가 강조되는 구조물이 건축인 것이다. 그래서 건축사는 작가로서의 사회적 역할과 책임을 가져야 하는 것이고 그 작업이 창조적 행위라고 하며 그들의 창조적 결과물이 작품으로서의 건축물로 평가받는 것이다.

결론적으로 건축은 공공예술의 성격으로 인하여 사회문화적인 존재로서 생각되어야 하는 필연성 때문에 창조적 결과물로서의 건축물은 건축주의 소유가 아니며, 건축가 자신의 것도 아니기 때문에 그 나라 혹은 그 지역의 역사와 사회의 문화적 수준을 반영하는 것임을 인식할 필요가 있다. 더욱이 건축은 그것이 가진 개별적인 문화 예술성뿐만 아니라, 도시 사회적 측면에서 볼 때 주변의 환경적 요소들과 조화될 수밖에 없기(혹은 조화되어야 하기) 때문에 감상적이고 감성적이어야 한다. 그래서 건축의 공공성이 강조되는 것이다. 개인의 재산임에도 불구하고 건축심의 제도, 건축미관지구와 경관지구의 지정, 건폐율과 용적률, 건축물의 높이 제한과 같은 건축행위의 규제가 법률적으로 이루어지는 것도 바로 이러한 건축이 가진 공공성 때문인 것이다.

제주는 진정 국제화된 도시인가? 필자가 보기에는 적어도 건축에 한정하여 볼 때 그러하지 못한 것 같다. 이제 외국의 도시와 건축에 대해 부러움을 갖기 보다는 우리가 살고 있는 제주의 생활공간을 품격 높은 건축물로 채우도록 실천해야 한다. 이를 위해서는 법률과 제도의 정비도 중요하지만 가장 중요한 것은 건축에 대한 인식의 개선이다. 건축행위에 대해 단순히 건물을 짓는 것이 아니라 도시의 문화공간을 만들어 가는 것이라는 시민들의 의식전환이 필요하다. 또한 창조적 직업으로서의 건축사(建築士)에 대한 예우와 대우가 높아져야 하며, 건축행정의 조직 강화와 건축직 공무원에 대한 대우도 달라져야 할 것이다.

8. 삶과 추억의 제주 도시건축 단상(斷想)

언제부터인가 가까이 있는 글씨가 희미하게 보이지 않더니 밤늦게까지 일을 하다보면 다음날 피로가 쉽게 풀리지 않아 몸의 변화를 느낀다. 이러한 개인의 신체적인 노화현상뿐이겠는가? 주변에 계시는 분들이 한분 두분 세상을 떠났나는 소식을 간간히 듣게 된다.

필자 자신이 불혹의 나이에 접어들음에 새삼 놀라기도 하고 주변분들이 세상을 떠나심에 삶과 죽음, 그리고 살아있다는 것, 그리고 살아간다는 것에 대해 다시금 생각을 해보기도 한다. 굳이 이승과 저승의 세상으로 구분하여 좋고 나쁨을 구분하자면 저승이 이승보다 좋을 리가 없을 것이다. 집사람으로부터 가끔 듣는 재미있는 이야기가 있다. 「개똥밭에 굴러도 저승보다는 이승이 좋다」라는 표현인데 속담인지 아닌지는 모르겠으나 요컨대 세상살이가 아무리 힘들어도 살아있다는 것은 진정 행복하다는 것을 강조하는 의미인 것 같다.

제주의 가을 하늘이 유난히도 푸르고 맑아 보인다.

하늘을 보면 그 속에 아이들, 집사람, 어머니의 얼굴이 떠올라 미소가 떠오르기도 하고, 지금은 안 계신 분들의 모습이 선연히 떠올라 아쉬움으로 잠시 숙연해지기도 한다. 그래도 살아있다는 것, 살아야 한다는 것을 느끼며 다시 땅을 내려다보곤 한다.

나이가 들어갈수록 추억을 먹고 살아가는 것 같다. 삶을 뒤돌아보면 그때 그 장소, 그때 그 사람들에 대한 아름다운 시간, 아름다운 기억이 많을수록 추억의 시간이 길어지는 것 같다.

유학시절 가끔 찾아가곤 했던 일본 교토(京都)의 철학의 길, 안식년에 머물렀던 캐나다 밴쿠버의 거리와 공원, 그리고 미국 뉴욕의 맨해튼의 거리풍경은 우리 가족이 함께 공유하고 있는 소중한 추억이다. 그래서 필자는 제주에 살고 있는 우리들이 제주에서의 예쁘고 아름다운 시간과 장소를 통해 우리의 가족, 연인, 친구, 우리의 이웃과 끊임없이 관계를 맺어가며 새로운 추억을 만들어갈 수 있는 삶의 공간을 많이 만들어 갔으면 하는 바람을 갖고 있다. 이런 거리의 풍경이 있는 아름답고 멋진 가로를 만들면 어떨까 생각해본다. 봄이면 개나리가 노랗게 물들고 여름이면 그늘을 한 아름 만들어주지만, 가을이면 과실수가 열리고 단풍으로 장식된 거리 그리고 겨울에는 낙엽이 쌓인 여유 있는 풍경과 앙상한 가지만을 간직한 채 흰 눈이 스쳐 지나가지만 다음 계절의 아름다움을 준비하는 절제된 풍경이 있는 가로이다.

잠시 앉아 거리의 풍경을 만끽하며 담소를 나누며 차 한 잔을 마실 수 있는 카페가 있는 거리는 어떨까?

발코니의 창문을 열면 조그마하지만 작은 공원이 내려다보이고 아침의 신선한 공기를 받으며 산책과 운동을 즐기는 사람들이 작은 미소로 반기며 스쳐지나가는 가로도 좋을 것이다.

공원의 터줏대감격인 청설모나 다람쥐도 자주 만날 것이고 가끔 나타나는 짐승들을 보면서 환경의 소중함도 배울 것이고 이러한 거

주택지의 가로풍경(밴쿠버, 캐나다)

리에서 만들어진 추억은 우리들에게 오랫동안 남아있을 것이고 이 세상을 떠나더라도 살아남은 자들에게 아름다운 추억으로 남아있으리라.

그러나 현실을 둘러보면 제주의 도시건축은 삶의 아름다움과 추억을 만들어줄 여유가 없다. 개발의 논리아래 도시는 외형적 확장으로 이어지고, 건축물은 초라한 모습으로 가로의 풍경을 장식하고 있을 뿐이다. 생태도시를 지향한다지만 생태도시적인 풍경은 찾을 수 없고, 건강도시 추진을 한다고 하지만 건강한 도시공간, 건강한 건축공간이 없다. 육체적인 건강 못지않게 정신적인 건강을 유지할 수 있는 환경을 제공해 주는 것이 더욱 중요한 것이다. 그래서 삶의 풍요로움과 추억이 깃들어진 멋들어진 풍경이 있는 도시건축의 공간이 중요한 것이다.

제주의 허파라고 하는 중산간은 파헤쳐져 호흡에 지장을 받고 있고, 제주의 피부라고 하는 해안은 이미 훼손된 지 오래다. 게다가 제주의 머리에 해당되는 우리들의 삶의 터전인 도시는 여유가 없고, 세포조직과 같은 건축물은 신선한 활력을 주지 못하고 있다.

이 땅에 살아가는 사람들이 삶의 가치를 느끼고 아름답고 예쁜 추억을 많이 만들어갈 수 있는 가로와 공원, 그리고 아름다운 건축공간으로 가득 채워진 제주의 도시로 거듭나는 것, 그것이 생태도시이자 건강도시의 올바른 방향이 아닐까 생각해본다.

9. 추억의 도시건축 만들기

제주의 음식점에서 볼 수 있는 특이한 현상이 하나있는데 제주에서만 볼 수 있는 사계절의 풍경이나 전통초가 마당에서 작업하는 모습, 테우를 이용하여 고기 잡는 어부의 모습 등과 같은 추억어린 옛 사진들이 벽면 가득히 채우고 있는 점이다. 누가 설명하지 않아도 이들 사진으로 제주사람들의 삶의 한 단면을 눈으로 느낄 수 있을 것이다. 또한 제주의 풍경을 멋지게 표현한 많은 문학작품도 있다. 아마 제주를 방문한 경험이 있고 제주에 대한 아름다운 기억을 간직하고 있는 사람들이라면 제주의 풍경이 담긴 사진과 문학작품을 접하면서 그때 그 장소의 느낌과 분위기를 눈과 마음으로 느낄 것이다.

그러고 보면 사람들에게는 망각과 기억, 그리고 추억의 시간을 가지고 생활하는 것 같다. 망각은 쉽게 잊어버리는 것이고, 기억은 단순히 머릿속에 남겨두는 것이라면 추억은 체험하고 경험하였던 일들에 대하여 어떠한 의미를 부여하여 머릿속에 남겨두는 것이다.

필자는 매년 여름방학이면 가족배낭여행을 떠나곤 한다. 평소 일에 쫓겨 늦게 귀가하는 입장에서야 가족배낭이라는 그럴듯한 기행을 통해 보상하고자 하는 마음도 없지는 않으나 무엇보다 가족과 함께 한다는 것, 그리고 이러한 시간들이 학교에서 배울 수 없는 사회경험이기에 의미 있을 것이라는 생각에서 시작하였다. 1년을 뒤돌아보며 가장 기억에 남는 일들이 무엇이냐고 물었을 때 애들은 가족과 함께 찾아갔던 어느 사찰, 어느 도시라고 이야기하는 것을 보면 분명 의미는 있는 것 같다. 이렇게 기억하는 것은 시간이 흐름에 따라 애들에게는 아름다운 추억으로 자리매김할는지도 모를 일이다.

여전히 제주에도 많은 신혼객과 가족단위의 여행객이 찾아오고 있다. 이들에게 제주에 대한 어떠한 기억과 추억이 남아있을까? 제주의 도시와 건축이 그들에게 아름답고 멋지고 신나는 기억과 추억을 줄 수 있는 모습인가 다시 한번 생각해본다.

사람들마다 휴식의 개념이나 방법이 다를 수밖에 없으니. 관광단지라는 이름으로 만들어진 거대한 휴식공간도 좋을 것이고 바다가 보이는 호텔에 머물며 수영장에서 놀며 단란한 시간을 가지는 것도 좋을 런지 모르겠다.

그러나 세월이 가도 변할 수 없는 것, 변하지 말아야 할 것은 제주사람들이 가진 인간미 넘치는 따스한 마음과 육지에서는 볼 수 없는 제주의 역사와 문화적 특이성이 전해지는 역사적 문화재와 녹지공간이 산재하고 산과 바다가 어우러진 제주다운 고유의 문화풍경, 자연풍경일 것이다. 제주시가 주관한 문화관광을 주제로 한 정책세미나에 토론자로 참여한 적이 있었는데 제주관광의 총체적 위기감을 벗어나 문화를 바탕으로 하는 새로운 관광인프라를 구축하기 위해 도시환경과 접목한 새로운 패러다임을 모색해 보자는 것이었다. 과거와 달리 제주관광에 대한 개념이나 방향성 모색이 이제 많이 바뀌어가고 있다는 것을 새삼 느끼게 하는 세미나였다.

뒤돌아보면, 이제까지 제주관광이라는 것이 육지부에서 오는 사람들을 위해 이곳저곳에 크고 작은 시설을 만드는 것에 초점을 두었을 뿐이지 관광 그 자체가 제주사람들의 삶과 연결되는 정책은 아니었다. 그러나 관광의 기본적인 목표는 그곳에 사는 사람들의 삶의 흔적과 생활 문화를 보고 음식문화를 체험하는 것이 대부분일 것이다. 즉 제주의 도시와 건축 그 자체가 제주인의 삶의 공간이자 관광객들에게는 관광의 대상공간이라는 점이다. 그래서 제주의 도시를 아름답고 멋지게 가꾸어야 하는 것이고, 그래서 제주의 도시와 건축을 더욱 제주답게 만들자고 목소리를 높이는 것이다. 아름답고 멋진 제주의 도시와 건축을 만들어 가는 것은 제주에 사는 우리들의 머리와 마음속에 오랫동안 간직하고 싶은 아름다운 추억을 만들고 삶을 여유롭고 풍요하게 하는 것이기도 하고 아울러 제주를 찾는 관광객에게도 제주에 대한 아름다운 추억을 고이 간직하게 하는 것이기도 하다.

이제 제주의 역사와 문화에 대한 추억이 가득 담긴 도시와 건축공간을 보전하고 새롭게 만들어 가도록 고민해야 할 시기인 것 같다. 그리고 그것이 시민들의 삶의 질을 높이는 기반이 되기도 할 것이고 21세기 문화관광의 인프라일 것이다.

10. 좋은 길은 좁을수록 좋다

오래전 제주를 방문한 일본 교수가족을 안내하면서 그들이 느끼는 제주의 이미지는 남다르다는 것을 느꼈다. 비행기 아래에서 바라본 제주도 모습은 바다 위에 사뿐히 떠있는 조그마한 섬이지만 보통 섬과 다르다는 느낌을 가졌던 것 같다. 그럴 수밖에 없는 것이 올망졸망한 산들이 있고 흐린 날씨에 구름에 가려진 한라산의 모습을 하늘 위에서 바라보았으니 당연히 그렇게 느낄 수밖에 없을 것이다.

유달리 한국에 대한 문화적 호기심이 강한 일본 교수이기에 무엇인가 색다르고 강한 이미지를 남길 수 있는 장소를 물색하면서 며칠 동안 안내하기로 하였다. 이르는 곳마다 머무는 곳 마다, 그리고 차량으로 이동할 때마다 감탄의 연속이었다.

어디를 가도 가지런히 정린된 돌담에 감탄을 하고 바다와 어우러진 나지막한 해안마을, 짙은 녹색 물결에 놀라면서 한편으로는 이곳 제주에 살고 있는 필자를 은근히 부러워하는 듯한 눈치였다.

이러한 이야기는 어쩌면 당연한 이야기이고 자주 듣는 이야기이기에 그렇게 관심의 대상이 되지 못할 것 같다. 우리들이 관심을 가질 것은 일본 교수가 던진 또 다른 놀라움에 귀 기울여야 할 것 같다.

다름이 아니라 이 일본 교수가 놀란 또 다른 하나는 넓게 확장된 도로였다. 도로를 따라 이동할 때 마다 언제나 굉장하다, 역시 한국이기 때문에 가능하다는 이야기를 자주 하곤 하였다. 제주의 문화적 풍경에 대하여 감탄해 하던 분위기와는 분명히 다른 제주에 어울리지 않는 넓은 도로가 필요한지 이해할 수 없다는 의미였으리라. 게다가, 스스로 남북이 대립하고 있는 지정학적 관계를 고려하여 유사시에 비행장으로 사용할 수 있도록 배려한 것일 것이라는 그럴듯한 해석까지 해주었다. 이 일본교수를 서부산업도로에 안내를 하였다면 어떠한 반응을 보였을까? 대충 상상할 수 있을 것 같다.

기본적으로 제주를 망가뜨리는 주범은 무분별한 도로확장과 개설, 고층화 되어 가는 빌딩, 그리고 지역적 문화를 상실한 건축외형일 것이다. 건축물의 고층화와 외형 문제는 도시계획법과 건축법에 의해 그나마 한번쯤은 검토될 수 있는 제도적인 장치가 있으나 도로의 개설은 웬일인지 충분한 검토가 이루어지지 못하고 추진되고 있는 것 같다. 그 대표적인 것이 평화로와 번영로이다. 도로 개설방법에 있어서 너무나 제주적이지 못함을 지적하고 싶다. 제주의 지형적 특성상 오르막과 내리막이 심하고 주변에는 제주의 자랑거리인 오름과 바다, 그리고 이름 모를 꽃과 나무들의 풍광이 끝없이 펼쳐지지만 정작 평화로와 번영로는 빠른 속도의 이동에만 초점을 두었을 뿐 정말 제주에서 느낄 수 있는 경관도로로 계획되지 못하였다. 결과적으로는 빠른 속도로 이동하기 바빠서 주변의 풍광을 마음껏 즐길 여유도 없을뿐더러 빠른 속도로 이동하다보니 자연히 사고도 늘어날 수밖에 없는 것이다. 요즈음 번영로의 확장 공사가 진행되고 있다. 평화로의 재판(再版)이 될 것은 불 보듯 뻔하다.

도로는 단순한 길이 아니다. 여기에는 지역과 지역을 연결시키고 물자의 흐름이 이루어지는 삶의 공간의 활동 매개체인 것이다. 따라서 그 주체는 당연히 사람이어야 하며 도로도 사람을 위한 길이 되어야 하는 것이다. 이런 의미에서 서부산업도로와 같은 고속화도로는 좋지 못한 것이다.

이제 도로개설보다는 사람을 위한 기존 도로의 정비에 많은 관심을 가져야 할 것이다. 보행자들이 안심하고 편하게 통행할 수 있고,특히 요즈음 자전거를 이용하는 시민이 늘고 있고, 자전거를 이용하여 제주 곳곳을 여행하는 젊은 하이킹족들이 급속하게 증가하고 있어 이들이 자유롭게 이동하면서 제주의 멋들어진 풍광을 즐길 수 있는 도로의 정비, 그리고 자전거 전용 산악도로 개설이 오히려 시급히 추진해야 할 것이고 게다가 제주의 풍광을 즐기며 한가롭고 여유 있게 여행을 하고 싶어하는 관광객들을 위해 제주의 하늘과 땅의 체취, 풍광을 보고 느낄 수 있는 경관도로를 개설하여야할 것이다.

제주의 문화와 자연을 마음껏 즐기고 가슴속에 담아 돌아간 관광객은 필연 그리워 다시 제주를 방문하게 될 것이다. 마치 고향을 찾아 되돌아오는 연어들처럼.

이런 사람들이 한 사람 두 사람 모여 제주를 사랑하고 제주를

균질한 격자도로에 의해 지형이 훼손 되었으나 여전히 과거의 기억이 남아있다(제주시 건입동)

지원하는 커다란 힘의 원동력이 될 것이다.

좋은 길은 좁을수록 좋고 그런 길일수록 사람과 자연의 체취를 느낄 수 있는 길이라는 것을 인식하고 이제 번영로의 확장뿐만 아니라 도내의 새로운 도로를 개설할 때 보다 신중히 고려해야 할 것이다.

II. 녹색공간이 주는 기쁨

창문 가득히 들어오는 푸른 숲 사이로 스며드는 아침 햇살, 그리고 이름 모를 새들의 조잘거림. 언제나 일상생활 속에의 경험이자 생활의 한 부분이다. 그래서 발코니 밖에 전개되는 아침의 풍경은 언제나 새롭고 활기찬 기운으로 가득한 곳이기도 하다. 아침 이슬을 함박 먹은 꽃들이 산책을 나서 사람들을 반갑게 맞이하고 조깅을 즐기는 사람들의 표정은 언제나 웃음으로 가득하여 행복한 모습이다. 우리 모두가 꿈꾸는 모습들이다.

이러한 행복한 풍경을 만드는 것은 다름 아닌 풍요로운 녹색공간이다. 1년 동안 거주한 적이 있는 캐나다 밴쿠버와 주변 지역은 언제나 푸름으로 둘러싸인 녹색공간의 도시이기 때문에 더욱 세계적인 도시이기도 하다. 밴쿠버의 자랑거리라면 스탠리 파크일 것이다. 스탠리 파크는 밴쿠버 면적만큼이나 넓고 큰 것이 특징이기도 하지만, 여기에는 주변 시민들이 쉴 수 있는 공간이 마련되어 있고 각종 문화시설이 있고, 자전거로 일주를 할 수 있는 다양한 놀이 프로그램이 가득하기 때문에 시민뿐만 아니라 관광객도 찾아 시민들과 함께 어울려 휴식을 취하는 기쁨의 공간이기도 하다. 필자는 이러한 공간이 밴쿠버에서의 삶을 매력적으로 만드는 것이라 생각한다.

도시 공간뿐만 아니라 건축물과 그 주변공간에도 어김없이 크고 작은 나무와 꽃들로 장식되어 있어 그곳에 사는 사람이나 거리를

밴쿠버의 스탠리 파크, 캐나다

지나는 사람들의 마음은 기쁨으로 가득한 것이다. 혹자는 땅이 넓어서 가능하다거나 국민소득이 높아 여유 있는 환경을 만들 수 있다고 이야기 할지 모르겠다. 물론 이에 대해 반론을 제기할 필요는 없지만, 자세히 들여다보면, 녹색환경을 만들기 위한 행정기관의 노력과 의회의 법률적 정비, 아울러 시민들의 생활공간에 대한 관심과 애착이 있기에 가능함을 알 수 있을 것이다. 재미있는 것은 정원수 관리에 대한 법이라는 것이 있어서 공공장소에서의 나무를 관리하는 것뿐만 아니라 개인의 정원에 식재된 나무도 함부로 옮기거나 베어낼 수 없도록 규제하고 있을 정도이다. 아울러 주요 간선도로를 따라서는 소위 녹지도로가 형성되어 건축물로 인한 삭막한 환경을 최소화하면서 주요 공원이나 지역으로 연결되어 조깅이나 산책 코스가 되기도 한다.

일반상점이나 레스토랑 등의 편의시설은 물론이고 특히 개인소유의 주거공간만 보아도 이들이 쏟는 관심과 열정은 대단한 것 같다. 조그마한 공간에도 어김없이 화단을 조성하고 이에 대한 관리가 끝임 없이 이루어지는 등 식재관리가 상당히 체계적이고 또한 많은 시간을 투자하고 있음을 느낄 수 있다. 고층 아파트도 예외없이 발코니에도 꽃들로 장식하는 것은 물론이다. 이렇듯 화단 가꾸기에 시간을 보내는 사람들이다 보니 슈퍼마켓이나 상점에는 언제나 화단을 가꿀 수 있는 재료와 도구, 꽃을 판매하고 있기도 하다. 주말이면 꽃시장이 열리기도 하는데 형형색색의 꽃들이 전시되어 있는 풍경은 보는 것만으로도 즐겁고 기쁜 생활의 한 부분이기도 하다. 아마 자신의 정원이나 실내장식을 위해 꽃을 고르는 사람들의 기쁨은 더할 것이다. 이것이 살아가는 또 하나의 기쁨이 아닐까 생각해본다.

흥미 있는 점은 행정기관에서 도시의 녹색공간을 시민 스스로 조성하고 관심을 유도하기 위해 정원 가꾸기 콘테스트를 실

비공식적인 경계

가로수에 의한 경계

가로수와 밀집에 의한 경계

가로수 없는 느슨한 경계

가로수 없이 개방적인 경계

단순히 표본수에 의한 경계

시하고 아름답고 멋진 정원을 가꾼 주인에게 시상을 하고 있는 것이다.

거주 밀집도가 높은 우리의 주거환경의 특성상 녹색공간에 대해 자연히 인색할 수밖에 없다는 점도 있을 것이다. 그러나 우리의 주거현실이나 예산 부족을 탓하기 이전에 제주의 풍토와 주거문화가 스며든 그리고 가장 기본적이면서 실질적 효과를 거둘 수 있는 도시속의 녹지공간을 확보할 수 있는 방안이 있을 것이다. 예를 들면 콘크리트 블록 담을 지양하고 제주 돌담과 나무를 식재하는 방법이나, 일정 규모의 건축물에 대해서는 옥상녹화를 강력히 추진하여 주요 공원과의 녹지네트워크를 형성하여 다양한 새들의 서식지를 제공하는 방법도 있을 것이다. 주요 교차로 주변을 중심으로 소규모 공원을 조성하고 주요 간선도로를 녹지도로로 조성하여 보행자의 휴게공간으로 제공될 수도 있을 것이다.

문제는 하고자 하는 실천 의지와 노력이 있는가이다. 국제자유도시는 단순히 높고 큰 건축물이 들어섰을 때 이루어지는 것이 아니다. 사람답게 살 수 있고 삶의 질이 높은 녹색공간의 도시가 바로 국제자유도시로 향하는 지름길일 것이다.

12. 제주건설의 패러다임 전환

6월 18일은 건설의 날이다. 건설은 도시, 도로, 건축, 하천 및 간척 등 기본적으로 건축과 토목을 포함하는 포괄적인 용어로서, 크게 도로와 교량 간척과 같은 도시적인 스케일로 이루어지는 작업과 주택, 사무소와 같은 단위시설의 스케일로 이루어지는 작업으로 구분되며, 이러한 특성 때문에 도시와 건축은 상호 밀접한 관계성을 유지할 수밖에 없는 것이다.

도시와 건축은 형태와 공간적 기능을 통하여 그 시대의 사회적 변화 요인, 지역적 제반조건과 이 시대를 살아가는 사람들의 삶을 반영하는 역사적 산물이다. 이러한 장소성과 역사성이 가장 잘 표출되고 있는 지역이 바로 제주도이다.

제주도는 지리적 관계로 인한 제한적인 인적 물적 교류, 전형적인 해양성 기후조건 등으로 인하여 제주인의 삶 그 자체는 한반도 다른 지역과는 구분되는 독특함을 지니고 있다. 특히 제주의 주요경관요소인 한라산을 비롯하여 각종 오름, 목장, 포구, 하천 등의 자연환경을 바탕으로 하는 독특한 삶의 문화를 형성하여 왔던 것이다.

그러나, 1960년대와 1970년대에 국가 주도아래 이루어진 관광지로서의 제주건설은 제주지역의 낙후성 탈피와 지역경제의 활성화라는 측면에서 평가하여야 하겠지만, 개발 그 자체가 도민 주체가 아니라 중앙정부와 다른 지역 자본에 의하여 주도 된 것이었기 때문에 계층 간의 괴리감과 함께 도시와 건축의 지역성과 향토성 상실로 이어지는 부정적인 측면이 더욱 많았음을 부정할 수 없을 것이다.

제주도와 제주인은 해방이후 시대적 정치적 상황에 따라 타의적으로 변화되었거나, 혹은 스스로의 생존을 위하여 변화를 추구하면서, 역사성과 장소성이 강한 제주마을과 건축의 보존과 유지, 그리고 현대적 도시와 건축의 유입과 수용이라는 양면성을 어떻게 적절히 안배하면서 지역 고유의 색깔을 유지하여야 할 것인지 고민하면서 오늘에 이르고 있다.

이제 제주의 건축문화는 크게 변하려 하고 있고, 변하여야 할 것이다. 이제 21세기는 모든 분야에 있어서 독창성과 개성성이 강조되는 시대이다. 가장 지방적인 건축이야 말로 가장 독창적이고 개성적인 문화이고 세계적인 문화인 것이다. 국제적인 관광지로서 인정받기 위해서라도 시대적 요구에 따라 제주지역의 고유문화 형성에 시각을 맞춘 도시와 건축문화를 조성하기 위한 새로운 패러다임 전환이 요구된다.

첫째, 도시 및 건축 관련조직의 상호 협력과 보완관계 형성이 필요할 것이다.

지역성과 향토성 있는 제주 만들기는 이제까지 건축설계분야나 행정 분야의 문제로 인식하고 논의하였던 것이 사실이나, 도시와 건축 만들기는 어느 특정분야만의 노력으로 성과를 낼 수 없는 것이다. 도시과 건축은 기본적으로 건축주와 설계자, 그리고 시공자, 넓게는 건축행정과 건설관련 협회를 포함하여 하나의 팀으로서 작업이 이루어지게 된다. 그러나, 우리나라의 현실은 이들 집단의 개별성과 영역성만이 강조되어 상호 보완과 협력적인 관계형성이 약하여 보다 효율적인 성과를 얻지 못하고 있는 듯하다. 도시와 건축이라는 공통된 대상을 통한 작업이 보다 효율적으로 진행되고 바람직한 성과를 얻기 위해서는 관련 집단의 보완과 협력적인 관계형성, 그리고 조직 정비가 필요하리라 생각된다.

둘째, 형태적 모색에서 공간적 기능 모색으로 전환되어야 할 것이다.

이제까지 제주건축에서 모색되고 시도되어 온 것은 형태적 언어였다. 제주의 전통주거를 유추한 볼트형의 지붕이나 모임지붕에 한정되어 형태적 건축언어의 모색이 답보상태에 놓여있는 듯하다. 제주건축이 문화로서 계승 발전되기 위해서 한라산의 영봉(靈峰)이

보이고 바다의 수평선이 펼쳐지는 원풍경(遠風景), 집을 중심으로 한 울안의 내부공간구성으로서 안거리와 밖거리의 별동배치, 『올래(유도공간)』, 『올래목(전이공간)』, 『안마당(주공간)』이라는 삼분공간구성 등과 같은 독특한 공간적 구성에 대한 관심과 현대적 건축형태로 표출되어야 할 것이다.

셋째, 자연경관과 조화된 자연친화적인 도시와 건축 추진이다.

향토건축의 큰 특징 중의 하나는 그 지역에서 생산되는 재료와 그 지역의 기후를 배려한 자연 그대로의 모습으로 존재한다는 것이다. 따라서, 적절한 제주다움을 표현할 수 있는 재료개발이 중요하다고 할 수 있다.

아울러, 뛰어난 자연경관과 잘 조화될 수 있는 건축, 자연친화적인 건축으로의 모색이 요구된다. 이는 삼다도(三多島)인 제주가 가지는 독특한 해양성 기후조건을 고려하는 것뿐만 아니라, 있는 그대로의 자연을 보존 유지하는 건축계획을 의미하는 것이다.

넷째, 지역주민에게 삶의 질적 향상으로 연결되는 도시·건축계획의 추진이다.

관광지로서 개발 성장된 제주지역은 개발에 의한 외적 성장에 비하여 삶의 질적 향상의 혜택을 받지 못한 모순을 가지고 있다. 상업주의적 지역개발은 자연 및 도시경관의 훼손으로 이어졌고 개발에 대한 상대적 거부감과 반발이 내재하고 있다. 따라서 경제에 바탕을 둔 개발에서 삶의 질적 향상에 바탕을 둔 개발과 자연경관을 적절히 보존하는 도시·건축계획으로의 전환되어야 할 것이다.

김태일(金泰一)

학력 : 동아대학교 공과대학 건축공학과 졸업
京都大學 대학원 졸업(공학석사, 공학박사)

경력 : 일본 (財)兵庫懸 長壽社會硏究機構 長壽社會硏究所 연구원
(주)경남기업 실버사업부 과장
Simon Fraser University, Gerontology Research Center 객원교수

주요 저서로는『현대하우징용어사전』,『현대사회와 하우징』,『유료노인복지시설편람』,『고령자케어의 사회정책학』,『노년학의 이해』,『현대노인복지론』,『고령화사회의 주거공간학』을 비롯하여『건축계획론』,『제주건축의 맥』,『제주인의 삶과 주거공간』,『12인 12색 제주도시건축 이야기』,『오키나와와 평화』의 단독 및 공저의 저서가 있다. 고령자시설계획이 전공으로 고령자 주거지원 관련 국내외 프로젝트에 참여하고 있으며, 이 외에도 인구통계분석, 제주 도시경관계획 등 다양한 분야에 관심을 가지며 연구의 폭을 넓히고 있다. 1995년 제주대학교 전임강사를 거쳐 현재 제주대학교 건축학전공 교수로 재직 중이다.

제주 도시건축을 이야기하다

초판 1쇄 발행 2008년 7월 28일
초판 2쇄 발행 2009년 8월 18일
초판 3쇄 발행 2011년 11월 30일

지은이 김태일
펴낸이 허향진
펴낸곳 제주대학교출판부

등록 1984년 7월 9일 제주시 제9호
주소 (690-756) 제주특별자치도 제주시 제주대학로 102
전화 064-754-2275
팩스 064-702-0549
http://press.jejunu.ac.kr

제작 도서출판 보고사
주소 서울특별시 성북구 보문동7가 11번지
전화 02-922-2246

ISBN 978-89-5971-041-6 93380
정가 12,000원